外国语言文学书系·青年学者文库

学术话语中的学者身份建构

XUESHU HUAYU ZHONG DE XUEZHE SHENFEN JIANGOU

◎彭　雪　著

華中師範大学出版社

新出图证（鄂）字 10 号

图书在版编目（CIP）数据

学术话语中的学者身份建构/彭雪著. —武汉：华中师范大学出版社，2021.6

ISBN 978-7-5622-9458-0

Ⅰ.①学…　Ⅱ.①彭…　Ⅲ.①学术交流—研究　Ⅳ.①G30

中国版本图书馆 CIP 数据核字（2021）第 124398 号

学术话语中的学者身份建构

责任编辑：刘满元　　责任校对：罗　艺

封面设计：甘　英　　封面制作：胡　灿

编辑室：高等教育分社　　电话：027－67867364

出版发行：华中师范大学出版社有限责任公司

社址：湖北省武汉市洪山区珞喻路 152 号　　邮编：430079

电话：027－67861549（发行部）

网址：http://press.ccnu.edu.cn　　电子信箱：press@mail.ccnu.edu.cn

印刷：武汉市籍缘印刷厂　　督印：刘　敏

字数：210 千字

开本：710 mm×1000 mm　1/16　　印张：13.25

版次：2021 年 6 月第 1 版　　印次：2021 年 6 月第 1 次印刷

定价：59.00 元

欢迎上网查询、购书

敬告读者：欢迎上网查询、购书；欢迎举报盗版，电话 027－67867353

本专著是作者主持的 2019 年教育部人文社会科学研究青年基金项目“中国学术‘走出去’视野下的学者身份建构：会议分组讨论话语的实证研究”（项目编号：19YJC740055）结项成果。

前言

学术会议是学者言语交流的平台。借助这个平台，学者传播学术思想、展示研究成果，建立学校间或学科间的联系，维持学术界的生命力，促进社会各领域的研究，推动经济、科技、艺术和文化等方面的发展。学术会议上，话语使用的过程是身份建构的过程。学术会议话语，尤其是分组讨论话语，体现学者的身份及其建构，展现他们的个性和共性：作为个体，他们传递学术声音，享有学术声誉；作为学术共同体成员，他们融入学术界，实现学术社会化。学术会议话语中的身份问题已经引起国内外语用学界的热切关注，但以往研究较少聚焦分组讨论话语，缺乏对身份建构动态性的描写和解释，导致在学术会议分组讨论中学者不能很好地提升话语能力，提高身份意识。为此，本研究基于采集的真实学术会议话语语料，以学者在分组讨论时的身份建构为研究对象，描写他们建构的身份种类及其话语实践类型，考察这些身份类型在会话结构中的分布和变化，分析制约身份建构的语境因素，以探讨学术会议分组讨论中学者身份建构的动态性和语用动因。

结合语用目的观和语用身份论，本研究提出以目的为导向的身份建构分析框架，从目的、身份（建构）、话语实践和语境四个方面论证：身份建构具有很强的目的导向性，受交际语境制约的同时，与话语实践互相影响——身份建构既是建构者追求特定目的的结果，也是一个动态的过程。依据这个分析框架，参照研究中确立的身份界定标准和会话结构的划分标准，标注了国际性和全国性语言学会议分组讨论话语的语料。本研究统计了学者建构不同身份的频次以及这些身份在会话结构中的变化情况，对身份建构的话语实践类型进行了质化和量化分析，重点讨论了身份建构的可选择性、可变性、语境制约性和目的性。研究发现：

第一，可选择性是身份建构动态性的一种体现。首先，在学术会议分组讨论中，学者可以选择建构三种身份：专家身份、研究者身份和教师身份。研究者身份主要包括新手研究者身份、外行研究者身份、参会成员的研究者身份、学科成员的研究者身份。其次，学者可以选择建构这些身份的话语实践类型。专家身份建构的可选择性在话语内容上体现为对专业词汇的解释和对研究局限的预测；在话语形式上表现为言语行为层面的陈述性断言、建议、评价和责备，在会话结构层面的打断和解述，在词汇形式层面的社会称谓语。研究者身份建构的可选择性在话语内容上包括对学术背景的了解、学术知识的欠缺、学术话题的关联和学科内容的对比；在话语形式上涉及言语行为层面的问话和寻求建议，在词汇形式层面的人称指示语和泛称称谓语。教师身份建构的可选择性在话语内容上表现为将学术问题通俗化和对学术方法的指导；在话语形式上包括句法形式层面的启发式问话和明知故问，词汇形式层面的职业称谓语、身份及友邻关系称谓语。因此，在学术会议分组讨论中，学者通过各种话语实践类型建构了专家身份、研究者身份和教师身份，这些不同的身份及其话语实践类型均体现了身份建构的可选择性。

第二，可变性是身份建构动态性的另一种体现。本研究中，学术会议分组讨论的会话整体结构分为三个阶段：会话的开端、问题解决阶段和会话的结尾。会话的开端对应会话启动序列，问题解决阶段对应问题询问和回答序列、问题协商序列，会话的结尾对应会话结束序列。在这些会话序列中学者的身份建构具有可变性。这种可变性首先表现为交际一方可以通过自己、对方、他人的建构实现彼此多重身份的转换。其次，交际对方认同或者没有认同这些身份的建构和转换。最后，在认同或者没有认同的前提下，交际对方可能没有建构自己的身份，也可能建构了自己的身份，还可能通过自己、对方、他人的建构实现彼此多重身份的转换。

随着言语交流的不断推进，学者的身份及其建构在会话整体结构中同样体现可变性。学者扮演的话语角色有主持人、汇报者和讨论者。在会话整体结构的三个阶段，这些话语角色都建构了专家身份、研究者身份和教师身份。但是，在会话的开端，主要是主持人和讨论者建构身份；在问题解决阶段，主持人、汇报者和讨论者都进行身份建构；在会话的结尾，主要是主持人建构身份。数量上，三种身份的建构主要集中在问题解决阶段，尤其是该阶段的问题协商序列。不同话语角色在问题协商序列建构不同身份的频次存在显著差异，其中主要是讨论者进行身份建构。相对而言，在问题询问和回答序列，讨论者建构最多的是研究者身份；在问题协商序列，讨论者建构最多的是专家身份。

第三，学术会议分组讨论中，身份建构受到交际语境的制约，这种制约性可以比较全面地解释身份建构的动态性。基于语言顺应论和关系管理模式，本研究认为身份建构的交际语境要素涉及心智世界、社交世界和物理世界。心智世界包含情感成分和认知成分。情感成分又可以细分为积极情感和消极情感，消极情感是在言语交际者之间产生的阻碍他们交际成功的情感。为了减轻消极情感可能产生的负面影响，参加分组讨论的学者需要进行身份建构。心智世界的认知成分强调面子因素，关系管理模式将面子因素分为素质面子和身份面子。素质面子主要与学者的学术知识、学术观点和科研能力相关，身份面子涉及学者在社会或学界的社会地位或社会角色，这两种面子都影响学者的身份建构。社交世界是身份建构的第二个交际语境要素，它包括权势关系、平等关系、亲疏程度、交际规范、人际和谐。首先，权势关系和平等关系是一组对应的社会关系。除了权势关系和平等关系，属于社会距离的亲疏程度（人际距离）也反映社会关系。这些社会关系成为学者建构身份时需要考虑的语境因素。其次，学术会议分组讨论的程序化和正式性体现了该特殊场合下的交际规范，这些交际规范会对学者的身份建构产生制约。另外，和谐取向的人际关系管理也会影响学者的身份建构，学者期待通过这种建构维护或增强彼此的和谐关系。物理世界是身份建构的第三个交际语境要素，它主要涉及发话人与释话人、言语的“物质”条件。这两个方面对学者的身份建构同样具有影响。需要注意的是，在现实的学术会议分组讨论中，心智世界、社交世界和物理世界通常共同制约着学者的身份建构。

第四，学术会议分组讨论中，身份建构具有明确的目的性，这种目的性可以从本质上解释身份建构的动态性。本研究认为学术目的是学者身份建构具有动态性的根源，它引导学者开展学术实践活动，建立自己的学术声望，成为学术共同体成员。对学术目的的追求成为学者身份建构这个动态过程中的根本动因。为了达到这个总目的，学者在分组讨论的不同阶段会选择具体的交际目的。为了实现这些具体目的，学者建构了不同的身份。首先，建构专家身份的主要目的有建立“学术领地”、优化知识体系、消除学术交流障碍。其次，建构研究者身份的主要目的包括劝说他人接纳自己的学术观点和融入学术共同体。最后，建构教师身份的主要目的在于营造学术讨论氛围和提供学术研究便利。在现实的学术会议分组讨论中，学者通常进行以目的为导向的多重身份建构。

总之，本研究聚焦学术会议分组讨论中学者的身份建构，主要从可选择性、可变性、语境制约性和目的性论证这种建构的动态性。首先，可选择性是从身份建构的种类及其话语实践类型体现身份建构的动态性。会议分组讨论中学者不仅选择建构不同的身份，还通过不同的话语内容和话语形式建构这些身份。其次，可变性是从会话的序列结构和整体结构反映身份建构的动态性。不同身份的建构和转换不但发生在某个序列内，而且存在于会话整体结构的三个阶段。再次，语境制约性是从心智世界、社交世界和物理世界较为全面地说明了身份建构的动态性。这些交际语境要素通常共同制约着学者的身份建构。最后，目的性从本质上解释了身份建构的动态性。明确的目的性是学者身份建构的语用动因。

本研究在理论、实践和方法上具有不同特色和重要价值。

理论上，本研究基于第一手采集的学术会议分组讨论话语语料，系统描述和解释了学者身份建构的可选择性、可变性和语境制约性，从而论证了学术会议分组讨论中学者身份建构的动态性，丰富了语用学视角下的身份研究。此外，本研究提出身份研究新模式，尝试话语分析和语用研究新路径。本研究整合语用目的观和语用身份论，构建以目的为导向的身份建构分析框架，突破了以往身份研究基于单一理论视角的局限，有利于更深入地解析身份的本质特征和现实影响。

实践上，本研究有助于提高学者身份意识，促进学术实践活动。在学术会议中，学者建构适当的身份是开展学术话语实践的有效途径。本研究可以为学者建构适当的身份提供建议，揭示学术活动的言语特性，推动学术实践活动的开展。同时，本研究有利于促进（二语）语用教学和学术话语教学，探寻教学实践的新思路。首先，引导教师在（二语）语用教学中注重提高学生的语用能力，帮助学生认识交际者的话语活动与他们身份建构之间的关系，促使他们探索言语交际中的语境因素和语用动因。其次，促使教师在学术话语教学中培养学生的体裁意识，鼓励他们参加学术交流，将理论知识联系鲜活实例，在现实应用中习得学术话语。

方法上，本研究表明，可以采用质化为主量化为辅的身份研究路径。借助对一定规模的真实语料的统计分析，描述学术会议分组讨论中的学者身份建构，能够为话语和身份建构的规律性提供依据。使用质化方法剖析和解释语料中存在的语用现象，可以弥补数据表达的不足。另外，本研究提供了会话分析和民族志相结合的身份研究方法。会话分析有助于探究学术会议分组讨论时学者的话语行为和交际模式，民族志的方法有利于挖掘和揭示这些话语实践和学者身份建构的联系。总之，以上研究路径和研究方法对于客观、科学地描述和解释“身份”这个主观范畴具有借鉴作用。

目　录

绪　论

话语研究包括研究话语结构本身和研究话语与社会的关系两个分支(毛浩然等，2009)。其中，话语和社会的关系可以体现为话语和权力、面子、礼貌、身份等方面。近年来，话语中的身份及身份建构已经成为国际和国内语用学研究的一个主要议题。国际上，身份表现和身份建构是第十届至第十二届国际语用学会议持续关注的热点话题（冉永平，2011)。在此期间，此类研究主要集中在两个方面。首先，研究将身份和面子、（不）礼貌等传统语用学议题相结合，如2007年*Journal of Pragmatics*组织主题为Identity Perspectives on Face and (Im) Politeness的专栏，从身份角度探讨言语交际中的面子和礼貌问题。2013年*Journal of Politeness Research*再次组织主题为Face, Identity and Impoliteness的专栏，对面子、身份和不礼貌行为的关系进行实证研究。其次，研究探究动态语境下身份的建构，关注交际中的身份问题。冉永平（2011）总结了第十二届国际语用学会议的主要议题，包括言语行为的身份体现、语言选择中视角站位的身份体现、身份建构的语言及影响因素的多样性、交际者身份与角色关系的协调及重塑、身份建构过程的事件参与框架（participation framework)、民族身份的社会建构、机构性话语中的多重身份建构、特权人物的公共身份建构（如奥巴马总统的身份建构)、身份的体现与隐现、个人身份和社会身份（如民族身份、国家身份等）的体现与建构、职业身份的体现与建构、语言动态交际中的身份协商、身份的社会认知分析等。另外，身份和身份建构的语用研究也成为中国语用学研究的一个新议题（景晓平等，2007)。由此可见，身份的语用研究得到不断拓展。在这些研究背景之下，本研究旨在对学术会议分组讨论中学者身份（建构）进行较为系统的研究。具体来说，以第一手真实的学术会议分组讨论话语为语料，在目的原则和语用身份论的理论基础上，对言语互动中学者不断建构的多重身份进行考察，并以目的原则中的“目的”因素为导向，对学者身份（建构）做出一定的解释。

第一节　概述

一、研究意义和研究目标

本研究的理论价值和现实意义主要有以下五个方面：

①话语作为进行学术会议活动的重要媒介，几乎贯穿整个实践过程，深入开展会议话语研究，不仅有益于更好地了解这种实践活动，还可以为后续相关研究打下基础，丰富这类研究的思路和方法，支撑或挑战这类研究的普遍结论。另外，会议话语作为学术话语的一个重要分支，其研究成果可以为其他学术话语研究提供借鉴和参考，帮助本土学术话语体系的形成。而全方位的学术话语研究也是机构话语研究的组成部分，通过比较学术话语和其他机构话语，可以扩展机构话语分析在人类社会生活领域的作用。

②有利于扩展、丰富与目的及身份相关的话语分析和语用研究，尤其为更深入开展目的原则和语用身份论研究提供新的思路和范式。目前，目的原则和语用身份论已经被广泛应用于各类机构话语研究，其中包括法庭话语、医患话语、商务谈判话语、心理治疗话语和学术书面话语等，然而将两者结合并应用于学术话语的研究还有待丰富。本研究尝试在两者的理论基础上，探索学术会议分组讨论中学者身份建构的模式，从而加强它们的解释力和应用性，进一步推动它们的发展与完善。

③本研究为（二语）语用教学的理论和方法提供现实依据。研究可以在一定程度上体现学术会议活动的原貌，为（二语）语用教学提供真实的例子，帮助教师引导学生将所学的理论知识和现实生活中的鲜活例子结合起来，使学生能够意识到活学活用的重要性，鼓励他们在日常的言语交际中使用恰当和得体的话语来满足当前的交际需要。

④本研究为学术会议这种实践活动提供借鉴，尤其是对学者提升学术话语能力具有现实的指导意义。学者在学术会议中主要通过他（她）的言语（speech）介绍自己的研究，表达自己的声音和身份，与此同时，他们还向他人虚心请教，和同行交流切磋。在这个过程中他们需要增强

参与学术共同体的能力，学习如何作为共同体的成员思考和行动。本研究可以帮助学者了解会议话语的结构、身份建构和学术目的的关系，从而使他们更好地进行沟通和交流，提升个人的专业素养和科研实力，提高自己的学术声望，使自己更快融入学术共同体。

⑤本研究为学术话语教学提供参考。在显性教学（以悉尼学派为代表）和隐性教学（以英美各学派为代表）融合的趋势下（黑玉琴等，2012），从学生需求出发，不仅可以通过教学增强学生对学术话语类型的认知和理解，还可以鼓励学生接触、了解甚至参与日常的学术话语实践活动，在这个过程中逐渐习得并且掌握学术话语。而不断推动这种教学方法也将为教学设计、教材编写等其他教学环节带来一定的思考。

本研究确立的主要目标有以下四个方面：

①反映学术会议分组讨论中，学者身份（建构）的基本面貌。描述他们身份建构的种类及其话语实践类型，挖掘不同的身份建构在话语内容、词汇选择、语法选择、会话组织等言语活动中的特点，展现其现实概况，从而阐明身份建构的可选择性。

②考察学术会议分组讨论中，学者身份（建构）在会话结构中的分布和变化。利用第一手的真实语料，通过质化和量化分析，探寻它们的基本规律，由此阐明身份建构的可变性。

③剖析学术会议分组讨论中，语境对学者身份建构的制约。这种特殊的交际语境不仅影响学者身份建构的类型和与之相关的言语活动，而且制约它们在会话结构中的分布和变化。通过揭示具体的制约方式，论述身份建构的语境制约性。

④探讨学术会议分组讨论中，学者身份建构背后的语用动因。分组讨论的话语角色主要涉及主持人、汇报者和讨论者三方，他们的交际目的对其身份建构具有重要导向性。通过分析这种导向作用，说明身份建构的目的性。

二、关键问题和研究内容

为了论证以目的为导向的身份建构的动态性，本研究结合目的原则和语用身份论确定以下四个分析层面：

①身份建构的可选择性；

②身份建构的可变性；

③身份建构的语境制约性；

④身份建构的目的性。

上述四个分析层面基于目的原则和语用身份论，具有扎实的理论基础。两者针对汉语语料展开了系统性的话语分析和语用研究，对机构话语研究具有较强的解释力和指导性，所以在它们基础上确立的分析框架可以用于学术话语中的身份建构研究。另一方面，相关国内外研究也说明和论证了身份建构的动态性（Cameron，2001；Van De Mieroop，2011；陈新仁，2013），确保了本研究分析框架的合理性。最后，该分析框架着眼于身份建构的动态性，围绕建构过程中的可选择性、可变性(陈新仁，2013；任育新，2014)、语境制约性和目的性（陈新仁，2013；袁周敏，2014；任育新，2014）这些重要特征开展研究，体现了本研究的可操作性。本研究根据以上分析层面设计了对应的研究问题：

①学术会议分组讨论中，学者身份建构如何体现可选择性？

a. 学者建构哪些身份？

b. 学者身份建构有哪些话语实践类型？

②学术会议分组讨论中，学者身份建构如何体现可变性？

a. 学术会议分组讨论的会话结构如何？

b. 学者的多重身份在会话局部结构中是否存在变化？如果有变化，其变化情况如何？

c. 学者的多重身份在会话整体结构中是否存在变化？如果有变化，其变化情况如何？

③学术会议分组讨论中，学者身份建构如何体现语境制约性？

a. 身份建构的交际语境有哪些？

b. 身份建构如何受到心智世界的制约？

c. 身份建构如何受到社交世界的制约？

d. 身份建构如何受到物理世界的制约？

e. 身份建构如何受到交际语境的多重制约？

④学术会议分组讨论中，学者身份建构如何体现目的性？

a. 学者身份建构为什么以目的为导向？

b. 专家身份建构如何以目的为导向？

c. 研究者身份建构如何以目的为导向？

d. 教师身份建构如何以目的为导向？

e. 多重身份建构如何以目的为导向？

总之，本研究主要包括以下内容：

①描写学术会议分组讨论中，学者在该学术共同体内建构多重身份的各种话语实践类型。换言之，在深入调查语料的基础上，本研究根据话语内容、词汇选择、语法选择、会话组织特征等语言形式分析身份建构的不同表现手段，归纳学术会议分组讨论中，学者身份建构的种类及其特点，说明这种研究过程下身份建构的概况。

②考察学者通过各种话语实践类型建构多重身份之后，当这些身份之间发生转换，它们与会话结构之间的互动。学术会议分组讨论中，学者身份建构是多重身份和会话结构之间互动的结果。本研究希望通过描述这种互动的实现方式，揭示学者身份建构在会话结构中的变化。

③探究学术会议分组讨论中，语境对学者身份建构的制约。具体来说，首先分析和身份建构相关的交际语境要素，其次阐明某一种交际语境要素对身份建构的制约，最后论述不同交际语境要素对身份建构的共同制约。

④剖析学术会议分组讨论中，学者身份建构背后的语用动因。一方面，论证身份建构以目的为导向，是一种有目的的话语活动；另一方面，详述交际目的对某一种身份建构和多重身份建构的导向性。

三、研究方法和语料说明

（一）研究方法

Hyland（2009）曾经强调，学术话语研究没有唯一正确的方法，可以通过整合不同的方法，根据具体的研究需求开展学术话语分析。因此，本研究采取混合法，即量化法和质化法相结合（Bryman，2015）。量化法通过数字呈现数据，使用统计方法分析数据；质化法通过文字呈现数据，主要使用文字描述分析数据（Niglas，2010）。混合法是应用语言学的实证研究法（Johnson & Onwuegbuzie，2004）和言语互动的研究方法（Kerbrat-Orecchioni，2005）。

本研究使用这种方法是因为“纯粹的量化分析无法反映学术话语的全貌”（Limberg et al.，2008：262），可以考虑将量化法、质化法中民族志的材料（Flowerdew，2002）和会话分析中的定性分析结合（Drew，

2004)。早期的会话分析主要研究日常言语交际，发现其中有很多规律性特征，包括话轮转换的规则（turn-taking）、相邻对（adjacency pair）的结构特点、话题（topic）的转换、交际前提和条件、可取结构（preference structure）和修正机制（repair apparatus）等。会话分析是研究机构互动话语的一种方法（Drew & Heritage，1992；Konzett，2012），也是语言学领域身份研究的一种主要途径（Hyland，2012a）。然而，单一地使用会话分析的方法开展机构话语中的身份研究存在着一些不足，比如，"研究者在话轮中研究身份，很难看到情景语境之外的宏观机构及社会身份，而且，身份随着话轮而改变，会话分析难以明确何种身份是根本性的，是会话者的真实意图"（Hyland，2012a：49）。而借助民族志的材料可以在一定程度上弥补这些不足，使机构话语研究跳出情景语境，从宏观层面了解机构语境下话语共同体的运作机制（Müller，2002；Konzett，2012）。所以，本研究采取自下而上的研究范式，通过民族志的参与式观察对学术会议活动进行现场录音，采集第一手真实的语料，然后转写与标注，调查、寻找、描述语料的特点和规律，用材料和事实说话。除此之外，在对会议分组讨论的话语实践和身份建构进行微观分析时，还借助了体裁分析。这些均为语用学视角下的身份研究打下了基础。

总之，基于采集的语料，研究者以质化法为主，量化法为辅，对学术会议分组讨论中学者身份建构的话语实践进行研究，主要在数据分析阶段将质化和量化相结合，以此来研究其中的规律和特质。

（二）语料说明

1. 语料概况

研究语言应该基于真实的语料，让真实的语料说话（顾曰国，1998）。然而，Swales（2002：549）曾经提到进行会议话语研究可能会碰到的困难，如"保证良好的录音（尤其是听众中提问者的录音）""转写大规模的语料"和"会议具有复杂的、多话语类型的特征"。Shalom（2002）同样认为会议话语的多样性和复杂性导致对它进行研究有些困难。也就是说，学术会议可能在承办的机构、召开的时间、选取的地理位置、设定的主题、会议的规模和享有的学术声誉等方面存在着一些差异。为了尽量克服这些困难，完成语料采集，尤其是对研究对象的采集和实现语料转写的文本化（entextualization）（Hyland & Paltridge，2011），本研究进行如下处理：

(1) 语料采集

本研究以质化法为主，量化法为辅。为了注意质化研究中取样的目的性（张培等，2013），语料收集和提取研究对象的流程为：采集国际性或全国性学术研讨会的现场录音→充分观察并提取研究对象→转写与标注→定期扩展语料。语料收集的途径为：从 2014 年 5 月至 2014 年 12 月，采集武汉、广州、南京三地召开的 4 场国际性或全国性学术研讨会的现场录音，总共得到分组讨论的有效录音 12 场，基本情况详见表 0-1。

表 0-1　学术研讨会的基本情况

讨论场次	学科	级别	地点	时间
1—4	外国语言学及应用语言学	全国	广州	2014 年 5 月
5—10	应用语言学	全国	南京	2014 年 6 月
11	修辞学	国际	武汉	2014 年 11 月
12	应用语言学	全国	广州	2014 年 12 月

(2) 语料范围

本研究考察的学术研讨会属于外国语言学及应用语言学学科。选择这类学科的原因是如果研究对象一开始就不是研究者比较熟悉的学术实践共同体和话语共同体，那么这种机构话语实践对于研究者来说会非常陌生，比如，成员之间的有些言语交际可能是以他们预先共享的专业学科知识为基础的，这样一来，研究者就可能无法准确获取研究对象在进行言语交际时所产生的交际意义。基于这层考虑，研究者优先选择考察自己较为熟悉的学科共同体。一方面，可以作为其中的一员，观察和了解该共同体的一些背景情况，这是开展民族志研究的基本条件之一（Garfinkel，1991）；另一方面，还可以使研究者和研究对象保持一定的距离，尽可能保证研究的客观性。

(3) 语料处理

为了尽量减少对参会者的干扰，会议语料的采集方法没有选择录像，这样既能保证语料的真实性，又能在后期转写时以研究者的身份聚焦其中的研究对象。虽然不同学科的学术会议在个人研究陈述和集体讨论的环节上有不同安排（Shalom，1993；Ventola，Shalom & Thompson，2002；Konzett，2012），但它们基本上都涉及这两个环节。本研究通过民族志的参与式观察，发现国内规模比较大的学术研讨会通常都有大会发言和分组讨论。但是，大会发言结束后不一定紧接着有集体讨论，而分组讨论一般既有个人研究陈述，又有集体讨论，内容主要集中在大会主题的不同方面。根据语料转写规则，本研究主要转写了学术会议的分组讨论话语，因为分组讨论不仅是一场会议的重要环节，而且也可能是学术新手感到最难应对的部分。大会发言后的集体讨论、大会发言和分组讨论中的个人研究陈述部分被排除在本研究之外。然而，在需要的情况下，本研究会对分组讨论中的个人研究陈述和随后的集体讨论作简要说明，因为它们之间是一个有层级的体系（Swales，2004），而且，学术会议上，研究陈述和随后的集体讨论是“两个单独又彼此联系在一起的话语类型”，集体讨论由研究陈述引出，它们之间是一种“从属关系”（Shalom，2002：55）。最后，人工转写的录音为 12 场，约 7 小时，转写的汉字达 99 453 字，英文有 3 410 个单词，每场基本情况详见表 0-2。

表 0-2　每场讨论的基本情况

场次	时长	主题	转写汉字字数	百分比	转写英文单词数	百分比	工作语言
1	57:36	学术话语和公共话语	1 5189	15.27%	549	16.10%	汉语
2	28:34	学术话语	8 540	8.59%	593	17.39%	汉语
3	33:51	商务话语	6 708	6.74%	331	9.71%	汉语
4	8:25	二语语用教学	2 442	2.46%	139	4.08%	汉语
5	1:23:59	公共话语	18 453	18.55%	520	15.25%	汉语
6	11:19	语言学和语言哲学	2 277	2.29%	41	1.20%	汉语
7	20:05	语言规范和语法	5 579	5.61%	245	7.18%	汉语
8	23:12	语料库和二语习得	5 402	5.43%	48	1.41%	汉语
9	13:56	学术英语	3 586	3.61%	54	1.58%	汉语
10	32:34	多模态话语	9 688	9.74%	342	10.03%	汉语
11	30:01	公共话语	9 840	9.89%	241	7.07%	汉语
12	51:30	学术话语	11 749	11.81%	307	9.00%	汉语
总计	约 393 分钟		99 453	100%	3 410	100%	

全部转写的语料经过人工识别和标记后，进行基本的统计和分析，为下一步研究奠定基础。另外，为了便于分析，本研究将所有涉及的例子从原始语料中提取后重新进行了编号。

学界对相关研究中语料的代表性和多样性一直存在批评和质疑（如

Widdowson，2000)，语料驱动的身份研究也不例外。本研究的研究对象处于定期扩展中，所以语料具有代表性“只能是一种很难实现的理想状态”，然而，“所有的语言研究都具有探索性和启发性”(Hyland，2012a：201)。本研究的研究思路是基于采集的语料，对其中的研究对象进行抽象、概括、推导和解释，如果能够注意到这些环节前后的一致性和科学性，使研究对象能够为研究结论提供有力的支撑，那么可以说这种实证研究从一定程度上反映了一种话语类型或学术共同体内的身份建构。虽然这些语料无法展示中国学术会议话语的全貌，但是，它们仍然可以反映中国学术会议话语的使用现状和部分特征，为后续研究打下一定的基础。

(4) 语料基本要素

作为一种活动类型（Levinson，1992)，学术会议分组讨论通常有自己相对固定的程序。本研究中每位发言人结束自己的研究陈述后，听众参与到紧随其后的讨论中，这时主持人会尽量保证听众之间时间的平均分配。也就是说，主持人会尽力确保每位想参加讨论的听众都有一次发言的机会。不过学术会议通常会持续召开一段时间，所以参会者还可以在一些非正式的场合继续讨论感兴趣的话题，如午餐、晚餐或茶歇等。本研究中分组集体讨论时各子元素的先后顺序和 Ventola（2002）的研究一致，如图 0-1[①]：

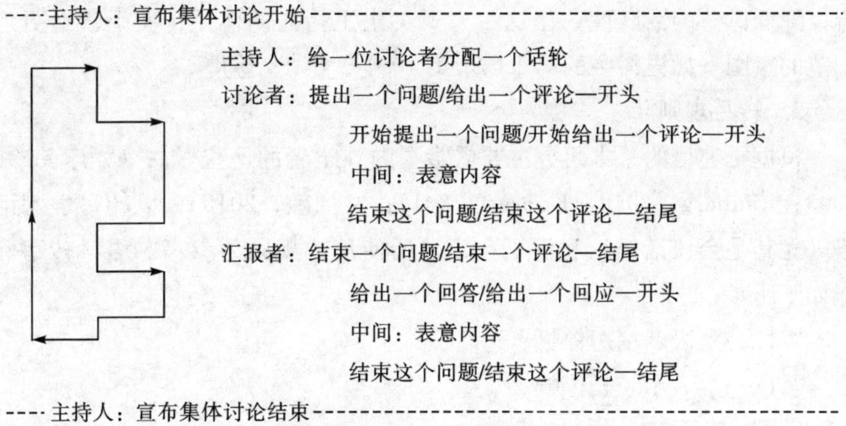

图 0-1　分组集体讨论时各子元素的先后顺序

① VENTOLA E. Why and what kind of focus on conference presentations? [M]// VENTOLA E, SHALOM C, THOMPSON S. The language of conference. Frankfurt: Peter Lang, 2002: 36.

从人数上来说，本研究中分组讨论的人数平均在20人左右，当然也会有一些较为大型的或小型的会议出现比这个数字更多或更少的情况。分组讨论时因为控制人数，主持人比较容易管理会场，所以气氛一般也比大会发言（主旨发言）之后的集体讨论相对热烈些，除了汇报者和讨论者的互动以外，还有讨论者之间的互动。而且，“一场学术会议所涉及的领域越专业，参会者之间的同质性（homogeneous）就越强”(Konzett，2012：65)。也就是说，他们通常有着相似的学术背景，共同的学术兴趣和爱好，彼此之前可能阅读过对方的一些研究成果，甚至已经成为同事或朋友。这样一来，在分组讨论时，参会者有时候甚至可以预测汇报者陈述的内容和随后的讨论话题，也可能为了一个长久以来有争议的问题展开激烈探讨。

另外，从会场布置来说，分组讨论有环形或横排两种方式。具体来说，通常当汇报者利用黑板或白板、投影仪进行研究陈述时，台下的参会者一般以这两种方式就座。相比而言，环形方式可以使参会者有更多的非言语性交流，虽然可能会弱化主持人的作用，但更容易让每位成员参与到讨论中来（如语料中的第11场），尤其对于汇报者来说，也更容易在这个共同体内部获得一种归属感。而使用横排的方式，参会者可能更多关注汇报者，虽然这在一定程度上会影响参会者之间非言语性的交流，降低讨论的活跃度，但这种方式突出主持人的作用，便于营造更为规范的氛围（如语料中的第1场至第10场、第12场）。

2. 转写规则

根据研究目的，本研究主要借鉴国内外学者的一些做法（如廖美珍，2003；Limberg，2010；Konzett，2012；袁周敏，2015），以转写学术话语（尤其是会议话语）和汉语会话时所使用的规则为参考。语料转写标记如下所示：

“(..)”表示稍短停顿；

“(…)”表示较长停顿；

“⊥”表示修正；

“{……}”表示由于说话太快、太轻或背景有杂音等难以转写出来的话语；

“▲▼”表示被打断或打断（“▲”表示被打断；“▼”表示打断）；

“____”表示强调的话语；

“?。”表示似问话又不像问话的言语行为；

“,”表示从语气上看一句话还未说完；

“。”表示从语气上看一句话已经说完；

“【 】”表示重叠（指两个人同时说话，“【”表示重叠的开始，“】”表示重叠的结束）；

“……”表示省略；

“→”表示需要注意的话轮；

“×，××，×××”表示需要回避的名称；

“（笑）”表示笑声，其他有意义的副语言行为都使用类似的文字表示；

转写文字的行号用“1.”和“2.”等顺序表示；

研究涉及的所有人员都进行匿名化处理，只用广义词代替：“主”指“主持人”，如果有两位主持人，其后加数字加以区分，如“主 1”和“主 2”，下同；“讨”指“讨论者”；“汇”指“汇报者”。

第二节　全书结构

除绪论和结语外，全书由六个章节组成。其中，第一章为身份和学术话语的研究概况，第二章构建分析框架，第三章至第六章论证身份建构的动态性。具体而言，绪论主要说明研究意义和研究目标、关键问题和研究内容、研究方法和语料说明、全书结构。第一章分别梳理和回顾国内外关于身份和学术话语的研究概况，综述学术话语中身份（建构）的相关研究成果，并结合本研究评价这些成果的特色和存在的问题。第二章以目的原则和语用身份论为理论基础，构建研究框架——目的导向身份建构分析模式。首先，本章回顾目的原则和语用身份论的相关内容，在此基础上提出本研究的目的导向身份建构分析模式，并进一步论证它的合理性和可操作性。在这个分析模式中，语用身份由互动参与者自我建构和共同建构，其动态性主要体现在可选择性、可变性、语境制约性和目的性。所以，身份建构以目的为导向，受语境制约，贯穿整个学术会议分组讨论过程。第三章分析身份建构的可选择性。本章考察学术会议分组讨论中，学者身份建构的可选择性及其话语实践类型。首先，结合成员归类机制，探讨学者身份建构的种类。接着，从话语内容和话语形式两个维度分别论述学者的专家身份、研究者身份和教师身份建构的话语实践类型。第四章探讨身份建构的可变性。本章首先分析学者的多重身份在学术会议分组讨论的会话局部结构中的动态变化。然后，描述学者的多重身份在会话整体结构中的分布，为进一步探讨身份建构背后的语用动因打下基础。第五章讨论身份建构的语境制约性。本章分别探讨心智世界、社交世界和物理世界对学者身份建构的制约，从而揭示语境对身份建构的制约性。第六章考察身份建构的目的性。这种目的性在学术会议分组讨论中主要体现为学者以目的为导向建构多重身份。本章论述学者在建构多重身份的同时，也实现对目的的追求。结语部分总结全书要点，讨论身份建构的研究价值，并对未来研究进行简要展望。

第一章　身份和学术话语的研究概况

绪论概述了本研究的意义和目标、关键问题和研究内容，对研究方法和语料进行说明，并介绍了全书结构。本章主要通过评述关于身份和学术话语的现有研究，总结相关研究的成果和不足：首先梳理身份（建构）的理论研究和应用研究，接着从书面和口头两个方面回顾学术话语研究，然后归纳学术话语和身份的交叉研究，最后讨论以往研究的特色和局限并对本章进行小结。

第一节　身份研究概况

目前，将身份研究和会话分析、话语分析、语用学、民族志等研究相结合的成果比较丰富（如 Antaki & Widdicombe，1998；Hyland，2002a，2002b；Tracy，2002，2009；Bucholtz & Hall，2005；Holmes，2005；Benwell & Stokoe，2006；De Fina et al.，2006；Oliveira et al.，2007；Sperber-Oatey，2007；Ho，2010a，2010b；Ige，2010；Migge，2011；袁周敏，2011，2013a，2013b，2015；夏丹，2016b；陈倩等，2013；任育新，2013b，2013d；何荷等，2015）。总的来说，国内外身份研究主要可以划分为理论研究和应用研究两大类。

一、身份及身份建构的理论研究

以往关于身份（建构）的理论研究成果丰硕。接下来本研究重点阐述身份及身份建构的研究视角、身份的定义、身份的分类和身份的建构。

（一）身份及身份建构的研究视角

针对不同学科对语言和身份（建构）的研究，谷小娟等（2007）梳理过早期变异语言学、语用学、社会心理学、交际社会语言学、发展心理学、批评话语分析等领域的研究视角和研究过程。袁周敏等（2008）也分析了社会身份理论、身份传播理论、对话理论为言语交流中的身份建构提供的理据。以上这些学科对身份（建构）的研究主要倾向于从本质主义和建构主义出发，第一种强调身份的静态性（Ho，2010）、预设性和不变性，第二种则突出身份的动态性、协商性和可变性（Van De Mieroop，2011），两者截然不同。受社会建构主义影响，身份研究经历了从本质主义到社会建构主义（Hall，1996；Kroskrity，2000；De Fina et al.，2006）的转变，实现了"话语转向（discursive turn）或后现代转向（postmodern turn）"（Benwell & Stokoe，2006：4）。社会建构主义理论（social constructionism）对身份的基本观点包括：①身份既不是给定的，也不是一个产物，而是一个过程；②身份发生在具体、特定的互动场合；③交际带来多种身份而非个体的、单一不变的身份；④身份不是简单地源自个体，而是来自磋商的过程和语境化；⑤身份需要通过话语来实现；⑥身份是参与者的资源，而非简单的人口统计事实（陈新仁等，2016：17）。由此可见，社会建构主义理论认为对身份的研究离不开对社会交际过程，尤其是对这个过程中的参与者、话语形式和语境等因素的考察。很多学者围绕这些基本观点对话语中的身份进行了更深入的多视角、多维度研究（Tracy et al.，2013；陈新仁等，2013；夏芳，2009b；粟进英等，2010；董平荣，2009；袁周敏，2011；任育新，2013d）。

根据 Tracy et al.（2013）的观点，理解身份与交际的关系有两种视角，第一种是修辞学视角，第二种是文化学视角，两者关系是前者为主，后者为辅。修辞学视角认为"交际者通过不断选择言语活动的方式来建构自己和他人身份"（Tracy et al.，2013：39），强调的是语言层面；文化学视角强调"人们在交际活动前预先拥有的身份制约着他们的谈话方式"（Tracy et al.，2013：42），侧重文化层面和社会层面。陈新仁等（2013）也梳理了近些年来国内从修辞学视角开展的身份研究，认为这些研究主要考察在不同交际场合下的身份选择和建构，探究身份建构的语用一语言表征，同时也试图解释交际双方为了实现交际目标，是如何把建构的特定身份视为一种交际资源的。除了以上的修辞学和文化学视角，夏芳（2009b）还从社会语言学视角重点关注三种社会语言学的研究方法对身份的不同理解，深化了语言和身份研究。粟进英等（2010）则基于社会心理学的言语适应理论，论证了说话人通过选择言语趋同、言语趋异、语言维持等交际策略来构建或维持自己的身份，而说话人的身份反过来也影响这些交际策略的选择。另外还有一部分学者主张整合不同的研究视角来开展研究（董平荣，2009；袁周敏，2011；任育新，2013d），如采用民族志、会话分析和批评话语分析等。

（二）身份的定义

社会学主要从社会视角和心理视角定义身份。身份的社会视角强调身份和社会关系不可割裂，交际者只能在社会网络中形成自己的身份。例如，Stryker（1992：873）提出“身份理论”（identity theory），确定身份是“个体对自己在社会中扮演角色（role）的认知，是对自己在社会关系中所处位置的认知”。Antaki 和 Sue（1998：2）从社会成员归属的视角认为身份是“一个人拥有丰富特征类属的展现、归因或者成员资格”。Bucholtz 和 Hall（2005：586）将身份定义为“一个人对他人和自我的社会定位（positioning）”。身份的心理视角则重视交际者的心理意识，认为身份与交际者意识可以解释的自我行为有关。比如，Tajfel 和 Turner（1986：16）创立了“社会身份理论”（social identity theory），认为社会身份（social identity）是“个体从群体中实现的一种认同，个体倾向于在一个特定的群体里获得或保持自己的高度自尊。而且，个体通过群体内部或群体之间的比较获得积极或消极的社会身份”，强调个人对群体和社会的认知。Stratton 和 Hayes（1999：130）也指出身份就是“个体对自我的全部认识”，主要侧重个人对自我的认知。Simon（2004）整合以上的社会视角和心理视角，构建了“身份的自我维度模式”（a self-aspect model of identity），指出身份是个体在社会互动中对各种自我维度的认知呈现。“‘自我维度’是一个认知范畴或认知概念，用以加工和组织有关自我的信息和知识”（Simon，2004：45），它包括个性品质、身体特征、社会角色、个人能力、品味爱好、态度观点、行为特征、成员身份，所以，Simon（2004）界定的身份兼具社会性和认知性。以上研究基本从社会层面和心理层面探讨个人和群体、个人和社会的关系，但较少涉及语言层面。

在语言学领域，Zimmerman（1998：87-91）将身份视为“谈话中的语境元素”，明确“语境的身份”（identity-as-context）这个概念，强调在具体语境中的“情景身份”（situated identities）。Tracy et al.（2013：

21）也提到身份的情景性特点，认为身份是“通过交际实现的，随着不同场合而变化的、动态的、情景化产物”。但和 Zimmerman（1998）不同，Tracy et al.（2013：21）同时也强调对于任何特定的情景，身份反映“已经存在的个人稳定性特征”。所以，这一类定义比较关注影响和决定身份的情景和语境因素，而另一类定义侧重身份的交际属性。Cameron（2001：170）指出一个人的身份是“人们在彼此接触中不断建构和再建构的”，所以它具有“动态性”和“多样性”。Hyland（2012a：2）将身份看作一种“过程”，它体现“实践共同体（Lave & Wenger，1991）中人与人之间的一种相互关系”。

（三）身份的分类

不同研究领域对身份有不同的划分。社会心理学家 Tajfel 和 Turner（1986）利用“社会身份理论”区别个体身份和社会身份，其中，社会身份由社会分类（social categorization）、社会比较（social comparison）等组成。Flowerdew 和 Wang（2015：83）认为社会身份“通过在实践共同体里的话语活动建构”，指出社会身份和话语活动之间的关系。Brewer 和 Gardner（1996：84）结合身份的社会学研究视角，从个人层面（individual level）、人际层面（interpersonal level）、集体层面（group level）将身份依次划分为个人身份（personal self）、关系身份（relational self）和集体身份（collective self）：

①个人身份是“个体有别于他人的自我概念”；

②关系身份是“通过与其他重要社会成员的交往和角色关系来形成的自我概念”；

③集体身份对应的是“社会身份理论和自我分类理论（self-categorization theory）中的社会身份”。

Hong et al.（2007：324）基于 Brewer 和 Gardner（1996）的研究加入了“文化身份”（cultural identity）这种“自我概念”，认为它参照的是“知识传统”（knowledge tradition）（Barth，2002）或者是“群体共有或广泛分布在群体内部的思想观念和实践活动”，所以这种概念和集体身份既有联系，又有区别。以上分类指出身份的多样性及其形成方式，侧重研究身份的本质属性，对身份与交际的关系考虑不足。

Zimmerman（1998：91）讨论了人们在交际过程中会拥有的话语身份（discourse identities）、情景身份和可迁移身份（transportable identities)：

①话语身份主要涉及人们在此时此地（moment-by-moment）开展的各种有序的交际活动，如说话者和听话者，故事讲述者和倾听者，提问者和回应者，修正发起者等；

②情景身份指会话参与者在某些特定的交际情景中具有的和交谈进程（agendas）相符合的身份类型，如急救电话的呼叫方和接听方属于一对情景身份；

③可迁移身份与任何会话情景有着潜在的联系，它一般通过主体外部的或文化的标记体现，这些标记是主体间分类的基础，如性别、种族身份等。

和 Zimmerman 以上分类有所不同的是，Tracy et al.（2013：21-23）将身份分为基本身份（master identities）、交际身份（interactional identity）和个性身份（personal identities）：

①基本身份指人的特质中相对稳定的一些方面，如性别、种族、年龄、国别和地缘；

②交际身份指在某一个交际语境下，人们相对于其他人所扮演的角色，如一个人在一种语境中是提问者，在另一种语境中可能是汇报者、讨论者、辩论者等，所以，交际身份视情景和关系而定；

③个性身份是日常生活中个体表现出来的性格，与他人的关系，对事件、问题和他人的态度。

"个性身份、基本身份和交际身份有着密切的联系：他人对一个人个性身份的期望值可能取决于他已经具有的基本身份和交际身份……另外，对一个人个性身份的描述将取决于一个交际者的基本身份和交际身份。"(Tracy et al.，2013：23）虽然 Zimmerman（1998）和 Tracy et al.(2013）使用不同的术语来描述每一种身份类型，但这些类型的内涵有重叠之处。

（四）身份的建构

相关研究对身份的形成使用了不同的表述，如 Hyland（2012a）认为身份更多的是一种"协商"，而不是"建构"，但是，也有一部分学者倾向于"建构"。Tajfel（1981：292）从社会心理学视角指出人们的自我建构是通过"隶属于一定的社会群体和在这种群体身份上赋予情感和价值"。Kroskrity（2000：111）认为身份的建构是"在一个或者多个社会组织或者分类中说话人对其成员资格的语言建构"。Omoniyi 和 White (2006b：2) 从社会语言学视角将身份建构描述成"在特定语境中，不止一种身份被表达出来，而且身份之间存在动态管理"。任育新（2013b：6-7）基于语言顺应论（Verschueren，1999）认为，"在言语交际中，身份建构是一个动态的语用顺应过程，是交际者为了满足各种交际需要，顺应各种语境因素而通过各种语言手段和语用策略动态地对自我和他人在社会网络和交际网络中进行定位的过程"。Antaki 和 Widdicombe（1998：3）基于民族志的会话分析法，从言语交际和身份建构的角度提出身份研究的五个原则：

①对于"拥有身份"的个体，不管他（她）是言者、听者还是被提及的对象，都会被投射到一种类别中，这种类别具有和该个体身份相关的特性或特征；

②这种投射具有指示性和情景性；

③它使个体的这种身份与当下的会话相关；

④"拥有身份"这一点带来的影响来自它在交际中的重要地位；

⑤以上都会体现在人们使用的会话结构里。

Bucholtz 和 Hall（2005，2010：21-26）则主要基于社会文化语言学的视角，从社会、文化、语言三方面阐述身份建构的五个原则：

①浮现原则：身份应该被看作语言使用中出现的产物而不是已经存在的语言学和其他符号学实践的来源，所以，它本质上是一种社会的和文化的现象；

②定位原则：宏观上的人口学范畴；本土的、民族志的具体文化定位；临时的和互动中特定的立场及参与的角色；

③指示原则，也就是说身份关系体现在以下相互联系的指示过程：公开提到身份的范畴和身份的标签；注意关于自己和他人身份定位的隐含与假设；对正在进行的谈话、互动的立足点和参与者的角色有评价及认知取向；使用一定的语言结构和系统，它们在意识形态上和具体的人物角色及群体有关；

④关系原则：通过主体间多种重叠的、互补的关系建构身份，这些关系包括相似与差异、真实与虚假、权威与违法；

⑤部分原则：一切特定的身份建构部分可能是有意图的和出于习惯的，所以经常没有被充分认识到。它们部分是互动中协商和竞争的结果，

部分是他人看法与表达的产物，部分受到更大的和互动有关的意识形态过程及物质结构的影响。所以，身份会随着互动的进行和话语语境的变化而不断变化。

本研究认为，以上相关论述主要从本质主义和建构主义出发，体现了对身份研究的不同视角。基于社会建构主义视角，尤其对于言语交际中身份建构达成的基本共识（Wenger，1998；Antaki & Widdicombe，1998；Zimmerman，1998；Kroskrity，2000；Bucholtz & Hall，2005，2010；De Fina et al.，2006；Omoniyi & White，2006b；Graham，2007；Migge，2011；袁周敏，2011），从语用学视角考察身份，应采用身份"建构"，而不是使用"调用""选择""激活""协商"（Van De Mieroop 2010，2011）等表述。"我们之所以说某种身份得以建构或者凸显，这本身就预设着凸显身份的背后还有其他身份。"（袁周敏，2015：191）

二、身份及身份建构的应用研究

国内外对身份（建构）的应用研究较为丰富，袁周敏（2013a）曾对此进行了详细述评。通过综述日常话语、机构话语（法庭话语和新闻话语）、商业话语中的身份构建，他认为在研究方法上应该在定性分析的基础上增加定量分析，在语料选择上应该尽可能地选取动态的自然语料，在理论视角上应该多元化。目前，日常话语和工作地话语中的身份问题已经引起学者们的关注。例如，Zimmerman（1998）分析了在拨打和接听紧急电话的语境下交际双方建构的话语身份、情景身份和可迁移身份。陈倩等（2013）发现使用有意不礼貌的语用策略可以构建强势身份、凸显身份和情感身份，体现和谐—挑战取向，主要挑战面子和平等社交权。另外，对工作地话语中的身份问题进行研究也具有重要意义，因为"工作地是一种社会机构，它通过交谈、语篇和互动构建专业知识，然后产出和管理资源、解决问题、建构身份"（Sarangi & Roberts，1999：1）。比如，Schnurr et al.（2007）发现，在工作环境下被一个实践共同体认同的领导和团队成员的话语行为在另一个实践共同体中可能不合适，甚至不礼貌。李成团（2010）基于语言顺应论和适应论，研究说话人的转换指示语对其身份构建产生的影响。袁周敏（2012）指出说话人通过自称语建构了语用身份。不仅如此，自称的这种语用行为是为了满足交际需要和进行顺应性选择的结果。以上研究均结合不同语境，探讨了如何使用不同的语言—语用表征建构不同的身份。

除了涉及日常话语和工作地话语，身份（建构）的应用研究还出现机构话语转向。首先，“法庭为探讨语言和身份问题提供了一个研究的语境”（Bogoch，1999：330）。Matoesian（1999）以男性医生强奸案为研究对象，分析嫌疑犯通过医生这种身份为自己辩护的方式。夏丹（2012a）从语用目的原则视角研究了民事法官的庭审话语和法官身份的关系。结果表明，民事法官在庭审中主要拥有作为法律人和社会人的双重身份，这两种身份决定法官的话语目的；法官目的的表达主要通过程序性、实体性、兼具性和劝说性话语来实现，这些话语对应法官的不同身份。类似研究还有江玲（2014）对庭审话语中法官身份的研究。她以社会学的身份建构论为理论基础，从语法层面的语气和情态、语篇层面的话轮转换和语用层面的（不）礼貌策略探讨法官多重身份构建。其次，在商务话语方面，Van De Mieroop（2005，2007，2008）选取人称代词为切入点，采用定性或混合的方法，研究商务会议上相关行业代表的发言及其身份类型，但未涉及身份的动态建构。相比之下，袁周敏（2013a，2013b）以医疗咨询会话为研究对象，考察了语言顺应论视角下的语用身份建构和商务会话中咨询顾问身份建构的动态性。第三，在会议话语方面，Clifton 和 Van De Mieroop（2010）从话语修辞视角考察肯尼迪总统召开的太空竞赛会议。研究重点探讨在这种语境下，总统和他的顾问如何进行身份协商以及他们使用的话语策略。Vöge（2010）以会话分析中的序列为分析单元，关注商业会议中投诉者和被投诉者的组织层级身份。结果表明，在他们层级身份存在明显高低差异的情况下，一定的副语言手段有助于帮助他们成功实施投诉的言语行为。另外，在课堂话语方面，Richard（2006）采纳 Zimmerman（1998）话语身份、情景身份和可迁移身份的分类，探讨师生课堂话语和这三种身份类型之间的关系。徐敏等（2015）运用语用身份、身份的话语建构和顺应论的相关内容探讨通过教师课堂言语行为主要建构的语用身份类型。研究发现，教师通过不同的言语行为和语用策略建构了博学、权威、亲和以及同伴的多重语用身份，这些语用身份是对语境的动态性顺应。最后，在网络话语方面，Graham（2007）研究在发送和回复邮件的网络环境下，人们如何在这种电子实践共同体中形成礼貌规范，而这种规范又是如何为共同体成员提供构建团队身份（group identity）的机会。Ho（2010a）讨论一群管理英语教师的领导者如何在他们发送给下属的邮件中建构身份。结果发现，在通过这些邮件提出要求时，他们建构了有责任感的、理性的、权威的、善解人意的、周到的、礼貌的、能力强的领导者身份。何荷等（2015）基于身份是一种语用资源的观点，分析网店店主如何通过使用称呼语建构默认、变异和复合这几种关系身份。可见，网络话语也成为身份构建的新型载体（Stuart，1999；Yus，2011）。

第二节　学术话语研究概况

话语（discourse）一般通过口头或文字来表达，Stubbs（1983：1）将其描述为“自然发生的、连贯的口语或书面语”。Brown 和 Yule（1983：1）将话语看成“使用中的语言”。对于话语的理解，Schiffrin（1987：3）强调了四个方面：①话语不能脱离语境；②话语受语境的影响；③话语具有交际性；④话语为交际服务。这四点不仅强调话语和语境的关系，还突出话语的交际性和目的性。van Dijk（1997：2）认为话语是“语言使用的某种形式”，它有三个维度：“语言的使用（language use）、信念的交流/认知（the communication of beliefs/cognition）、社会情境中的互动（interaction in social situations）。”第一个维度侧重话语的交际属性，第二个维度偏向话语的心理属性，第三个维度是关于话语的社会属性。Fairclough（1989：22）指出话语是“社会实践”，它既是“社会的一个组成部分”，也是“一个社会过程”，还“受到社会其他（非语言）部分的支配”。该论述强调话语和社会的关系。本研究采纳以上学者对话语的界定，换言之，如无特殊说明，文中“话语”指口语和书面语，不再细分。

随着话语分析的不断发展，机构话语（institutional discourse）日益受到关注，它和日常话语在语境方面存在明显区别。日常话语通常发生在非正式的语境中，如同辈之间、熟人之间、亲属之间或朋友之间，而机构性话语则一般发生在特定的机构场所或语境中，如法庭话语、课堂话语、政治话语、电视访谈话语、商务话语、医患话语、学术话语等。学术话语（academic discourse）作为机构话语的一个重要分支，已经引起社会学、心理学、教育科学、二语习得和外语学习等领域学者的广泛重视，他们都采用各自的研究视角和研究方法对其进行了研究。Suomela-

Salmi 和 Dervin（2009：6）认为学术话语是一种“交际行为”。Hyland（2009：1）将其看成“存在于学术界的思维方式和语言使用方式”，换言之，人们用这种话语在学术领域内“思考和行事”（Hyland & Paltridge，2011：171）。黑玉琴（2013：12）指出，“学术专业话语指某一学术、专业领域所使用的话语，具有特定的词汇语法特征、结构形式、专业术语以及写作规范等，其主要作用是帮助同一学科领域的研究者或读者进行交流和对话，促进知识的积累和构建”。本研究认为，学术话语或者发生在学术领域内，或者和学术领域相关。它可以是书面的，也可以是口头的；可以是有媒介的，也可以是无媒介的。以往有关学术话语的研究主要分为两派：北美新修辞学派（the North American New Rhetoric）和澳大利亚的悉尼学派（the Australian Sydney School）（Belcher，2004）。它们都将学术话语看作具体情景下的一种社会构建，正如 Hyland 和 Paltridge（2011：171）所说，“除了被用于传播思想和构建知识，学术话语还建构学术人员之间的社会角色和社会关系，维持大学之间、学科之间的关系，最终保障知识的创新”。Heller 和 Morek（2015：175）甚至明确地将学术话语的功能归纳为：①一种传播知识的媒介（交际功能）；②一种思考的工具（认知功能）；③一张门票和一张邀请卡（社会符号功能）。在“社会转向”背景下（Duff，2007），关于学术话语的国内外研究都得到了长足发展。

一、书面学术话语研究

伴随新技术和新媒体的出现，人们的交流方式也在发生改变，所有这些都给书面学术话语研究尤其是学术写作教学带来一定影响，具体表现为：

（一）传统或全新的理论视角

随着研究对象、研究内容和研究领域的变化，学术话语研究不仅采用传统视角，也吸收和借鉴了一些全新理论，例如语类分析（Samraj，2002；马静等，2016）、系统功能语言学（柴同文，2012；邱辉，2013）、语用学（刘辉，2015；李娟，2016）、体裁分析（Bhatia，2008；Bruce，2009）等。

Swales（1990）针对研究型论文引言的语步结构，提出适用于所有学科的 Create-A-Research-Space（CARS）模式，后来修正的 CARS 模式进一步说明了不同学科或相关学科论文引言语步结构的差异。Samraj (2002) 使用 Swales (1990) 的模式分析了野生动物行为学和保护生物学这两种学科学术论文的引言。研究除了修正 CARS 模式，还发现两种引言在功能上的区别。马静等 (2016) 使用 ESP 学派的语步分析法，分析学术论文引言中的修辞劝说模式。结果发现，修辞学中的三大基本模式体现在引言的词汇语法、语篇和篇际三个层面，而且它们在语步中的分布和语步的交际目的有关。柴同文 (2012) 从系统功能语言学视角研究西方学界的学术致谢，邱辉 (2013) 也采用系统功能语言学的评价理论研究学术论文中的引言。刘辉 (2013) 基于语用目的原则从微观和宏观两个层面分析学术论文摘要，指出它们在微观上存在递进关系、并列关系和阐释关系，宏观上具有目的连贯模式。Bhatia (2008) 主张学术话语或专业话语的研究要结合话语和专业实践，运用多维度的批评体裁分析。

另外，还有一类研究整合了不同的研究视角。例如，Bruce (2009) 根据自己 (2008) 提出的社会体裁和认知体裁模式，对社会学和有机化学这两门学科论文的研究结果进行了体裁分析。研究同时还从民族志的维度对一名社会学家和一名有机化学家进行半结构化访谈。结果发现，这两类学科论文的研究结果在社会体裁和认知体裁方面都具有显著差异。社会体裁的差异集中体现在语境、知识论和作者立场上，而认知体裁方面的差异则表现为社会学的学科论文以阐述为主，有机化学的学科论文以解释为主。Chek-Kim et al. (2016) 运用评价理论 (Martin & Rose, 2003) 和体裁分析 (Swales, 1990, 2004) 研究英语和马来语学术论文的结论部分，分析了其中的评价立场表达。Samar et al. (2014) 采用跨文化体裁分析，从引言、方法、发现的语步和步骤等语义单元考察了应用语言学会议摘要的宏观结构和微观结构。

(二) 对学术英语写作教学的指导

二语写作研究的持续发展主要有以下四个特点：①更多的研究已认识到写作任务和材料必须以真实语篇为基础；②新的话语分析途径揭示出话语特征与作者的目的、身份、读者的期待、文化图式以及学科视角等问题的关联方式；③对 EAP 学生实际写作方式的日益关注；④以学生习作中语言使用和语言模式的语料库分析为基础，现有的技术可用于研究规律性的变异 (Hyland, 2003，转引自黑玉琴等，2012：90)。在理论探索方面，Hyland (2003) 肯定过程理论对二语写作教学的深远影响，更强调体裁分析法对促进二语写作教学的重要性，因为后者突出书面交流中语言的作用，是对过程理论的有益补充。在实际应用方面，Jiang（2015）利用语料库方法调查了中国学生和美国学生在议论文中使用名词补语结构的情况，分析他们通过这种结构表达立场时的相同点和不同点。Flowerdew（2015）则探讨了如何结合语料库，特别是网络学术语料库指导学生论文讨论部分的写作。

（三）学科内部或跨学科的对比研究

学术话语研究一直离不开和学科的结合，这种结合既有关于某一学科两种语言的对比研究，也有关于不同学科不同语言的对比研究，既有共时研究，也有历时研究。例如，对于应用语言学学科，Mu et al.（2015）对比了中英文学术论文中元话语的使用对知识构建的作用，Hu和Cao（2011）对比了中英文期刊论文摘要的元话语。对于语言学学科，穆从军（2016）运用修辞结构理论（Rhetorical Structure Theory）分析了英汉学术论文摘要的修辞关系及其类型、总体频数和分布特点。Itakura和Tsui（2011，2013）从宏观和微观上对比了日文和英文书评中的评价性话语，归纳了其共同点和不同点。类似研究还有Kawase（2015）运用体裁分析，考察在博士论文和期刊论文的引言中元话语作为修辞手段的使用情况。Geng和Wharton（2016）利用评价框架（Martin & White，2005）分析了中文和英文本族语者在各自博士论文的讨论部分中使用的评价性话语，比较了它们的异同。另外，还有一些研究属于跨语言和跨学科探索。例如，Gao（2016）调查了不同学科的中英本族语者使用连接副词的情况。除了以上这些共时研究，Hyland和Jiang（2017）还对学术互动话语的正式和非正式问题进行了历时研究。不同的学术互动话语不是简单的正式和非正式的二元对立物，而是一个从较为正式到较为不正式的连续体（Swales，2004；Limberg et al.，2008）。但是，近年来学术论文被普遍认为越来越不正式，对此，Hyland和Jiang（2017）对比了四种学科的五种顶级期刊论文。结果显示，学术论文从正式到不正式的变化比较小，而且和社会科学相比，这种变化只发生在自然科学领域。他们认为学术论文在修辞规范方面发生了改变，而这些改变是为了适应科学研究中更明显的人际互动。

（四）研究方法的转变

对学术话语研究方法的转变体现在宏观和微观两个层面。宏观上，

Heller和Morek（2015）认识到现有研究方法的一些局限性后，以互动语言学和基于民族志的会话分析为基础，提出了“学术话语实践”的概念，并主张从实践出发，开展学术话语研究。微观上，已有研究表明，基于语料库的混合法日益受到重视（Itakura & Tsui，2011；Luzón，2012；O' Boyle，2014；Chan，2015；Jiang，2015；Flowerdew，2015；Wang & Yang，2015；Gao，2016；Mu et al.，2015；Geng & Wharton 2016；徐昉，2011；柳淑芬，2011；吴格奇，2013；杨林秀，2015；杨欣然，2015；穆从军，2016）。例如，Chan（2015）研究博士论文致谢部分的立场表达，而Wang和Yang（2015）则侧重分析在应用语言学学术论文的引言中如何表达中立的立场。另外，徐昉（2011）指出中国学生在英语学术写作中使用身份语块的总体不足和发展特点，认为学生应该重视语言表述中对确信和谨慎关系的处理。总之，书面学术话语研究的特点主要表现为进一步拓展理论视角和研究方法，加强对写作教学的指导，加深学科内或跨学科的对比研究。这种新趋势对于未来研究具有重要的理论指导和实践意义。

二、口头学术话语研究

口头学术话语包括演讲（presentation）、小组项目（group project work）、讲座或授课（lectures or classroom teaching）、课堂讨论、学位论文答辩、学术会议问答、口语考试、写作中心与办公室内教师之间和师生之间的言语互动等，也包括在学校图书馆、餐厅或咖啡厅等场所的交谈（Duff，2007，转引自黑玉琴等，2012：90）。这些口头学术话语已经引起了学者们的兴趣。例如，Limberg（2007）和Shiao-Yun（2011）都研究了办公话语。前者将大学师生面谈话语视为特殊的学术言语事件，指出了以往研究的不足，重点分析其话语结构，强调办公话语对于建立师生学术关系和社会关系、指导教学实践和营造良好教育环境的重要性。后者考察了美国大学生和国际助教之间办公话语中的问答环节。研究指出，如果师生不具备对等且充足的社会、语用和交际互动知识，问答可能出现问题。因此，为了增进彼此的理解，双方会寻求各种修正和调整的话语策略。Chia-Yen（2014）对比了中英本族语者在英文讲座中使用的修饰语，发现了这些修饰语在功能上的异同。结果表明，为了克服使用英文带来的不自信，获得预期的交际效果，中文本族语者会使用策略性话语，从而达到自己的语用目的。

除了上面提到的口头学术话语，学术会议话语也因为在学者实践活动中的重要作用受到关注，其中一种是以“研讨谈话”为主的互动话语（Swales，2004），例如研究小组会议、学术研讨会、学术讲座、论文答辩会、论文开题报告会、师生办公时间谈话、学术访谈等（转引自任育新，2015：147）。本研究关注的学术会议主要指学术研讨会。结合《朗文高阶英汉双解词典》对“会议”[①] 的定义，本研究所说的学术会议通常指由一个具有学术性质的组织、机构或者单位主办或承办的大会，这些组织、机构或者单位包括学科或专业的研究中心（基地）或者学（协）会、大学院系等。学术会议话语研究主要分为理论研究和应用研究两类。

理论研究目前主要围绕体裁分析和共同体展开。体裁和体裁分析的研究主要集中在三个层面。第一个是非语言层面，主要代表为美国新修辞学派。该学派认为体裁是“在反复发生的情景中的典型的修辞行为”（Miller 1984：159）。新修辞学派关注体裁和体裁之间的联系以及它们如何促进机构和社会中的行为，它主要采取民族志的研究方法，为体裁所处的更大的社会或机构语境提供分析框架。第二个层面基于文化人类学（cultural-anthropology），强调“在更大的文化语境下分析体裁，所以它很好地综合了语言和非语言层面”（Kong，2014：191），尤其适合研究跨文化的体裁（Günthner，2007）。第三个是语言层面，主要代表为专门用途英语学派（the ESP School）和悉尼学派（the Sydney School）。和专门用途英语学派相比，悉尼学派从系统功能语言学（Halliday，2004）的视角对体裁进行界定：体裁是“有阶段的有目的的社会过程”（Halliday & Martin，1993：36），是“运用语言来行事的方式”，包括“所有通过语言实现的活动类型”（Martin，1985：250）。悉尼学派对学术会议话语研究产生了深远影响，其中较为突出的代表是 Ventola（2002）。他（1995：7）提出体裁是“生成特殊结构的符号系统，这些结构最后通过语域由语

① conference：a large formal meeting where a lot of people discuss important matters such as business，science，or politics，especially for several days（很多人参加讨论重要事宜的大型正式）会议，大会（尤指历时数天的会议）。（英国培生教育出版集团编，2006：414）

言行为来体现”。在此基础上，他描述了学术会议体裁的结构图，如图1-1①：

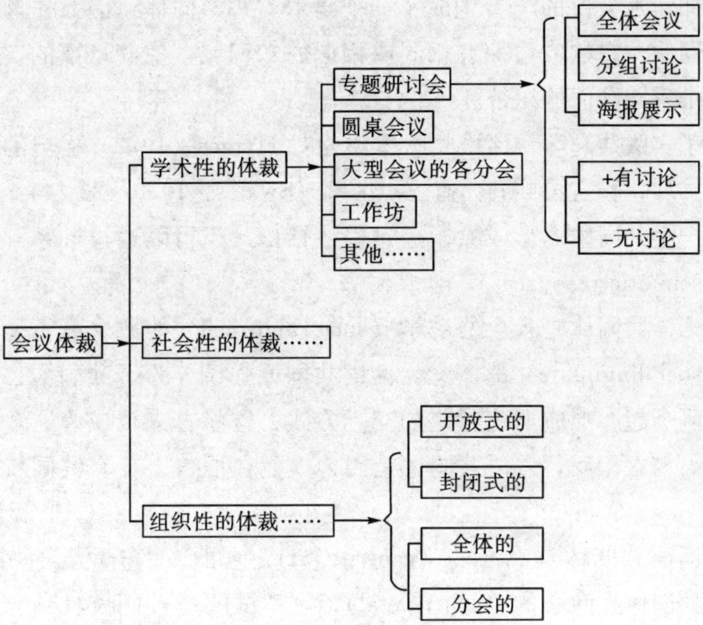

图 1-1　学术会议体裁的结构图

另外，作为共同体（community）的两种类型，实践共同体（community of practice）（Wenger，1998）和话语共同体（discourse community）(Swales，1990）都和学术会议以及身份研究紧密相关。共同体是“既有相似之处，也有不同之处的人的集合”（Kong，2014：39)。实践共同体有三个关键的构成要素：彼此的介入（mutual engagement)、共同的事业(a jointed enterprise）和一个共享的记忆库（a shared repertoire）(Wenger，1998)。彼此的介入主要指人们聚集到一起从事一些活动；共同的事业是一个共同体凝聚力的源泉；一个共享的记忆库是创造这种凝聚力的符号和实践的集合（Wenger，1998：73-85)。虽然 Wenger (1998）提出了这个概念并指出了它的组成部分，但没有给予它明确的定义，直到 Wenger、McDermott 和 Snyder（2002：27）进一步将其界定为

① VENTOLA E. Why and what kind of focus on conference presentations? [M] //VENTOLA E，SHALOM C，THOMPSON S. The language of conference. Frankfurt：Peter Lang，2002：28.

“有共同关注点、共同问题或者共同话题的一群人，他们之间相互影响，以加强在某一领域的知识和专业技术”。根据以上观点，郭亚东（2016）认为参加学术会议的学者构成了一个学术实践共同体，因为作为人的集合的共同体，它的成员拥有相同或相似的知识域，他们从事的实践活动构成了维系共同体的纽带。

除了实践共同体，话语共同体作为对 Hymes（1972）提出的言语共同体的扩展，和言语共同体有三点区别（Swales，1990：23-24）：

①一个共同体的形成除了通过口头话语，还可以通过一系列的符号资源（semiotic resources）。

②话语共同体是社会修辞学（sociorhetorical）的概念而不是社会语言学（sociolinguistic）的概念。话语共同体强调，为了共同的目的，人们聚集到一起，形成一些特定的交际方式，这些方式也成为这个共同体的特征。与之相反，言语共同体是因为人们在语言上具有共同特征而形成的。

③话语共同体是离心的（centrifugal），它把人们分为若干个群体，而言语共同体是向心的（centripetal），它“试图把人们吸收到社会组织中”（Swales，1990：24），它具有“共同实施和解释言语的规则，有共同解释至少一种言语变体（speech variety）的规则，两者缺一不可”（Hymes，1972：54）。言语共同体“基于规则”，话语共同体“基于说服”，这是判断言语共同体和话语共同体最重要的依据（Kong，2014：37）。

Swales（1990：24-27）认为一个话语共同体具有六个特点：

①话语共同体成员有共同目标。

②话语共同体成员之间有相互沟通机制。

③这种沟通机制主要用于成员之间交换信息和反馈。

④为了促进沟通，话语共同体使用一种或多种体裁。是否有自己的体裁是判断一个共同体是否是话语共同体的重要条件。可见，话语共同体和体裁密不可分（Hyland，2004；Swales，2004），体裁是“共同体资源的一部分”，它“连接个体和共同体”（Hyland，2015：33）。

⑤除了使用的体裁，话语共同体还有一些特有词汇。

⑥话语共同体对其成员有“门槛”要求，成员需要掌握一定的相关知识和话语技巧。

根据以上观点可知，话语共同体强调内部成员之间的共有部分以及成员对规约的遵守，对成员的个体性以及个体和共同体之间的关系缺乏关注。Hyland（2009）基于这一概念提出的学术共同体（academic community）在一定程度上弥补了这些不足。通过对学科、专业和知识三个方面的分析，他认为学术共同体除了注重成员个体对规约和一致性的遵守，还应考虑他们在共同体内参与活动的不同方式和做出的不同贡献等。可见，学术共同体是学术话语研究的一个重要概念。结合以上对实践共同体、话语共同体和学术共同体的讨论，本研究认为，参加学术会议的学者在狭义上构成了一个学术共同体，而在广义上属于一个话语共同体或者实践共同体。他们在特定的时间和地点，主要通过学术话语进行一些复杂的交际活动，比如展示研究、建构知识、传播思想等。在此基础上，这些共同体成员可以体现自己的专长，树立自己的声望，构建自己的学术身份，最终让自己融入这种实践活动。所以，学术会议话语不仅是“一个表达意义的社会事件”（Ventola，2002：46)，还是“一个话语共同体运作的一种具体的、部分的表现”(Rowley-Jolivet，2002：120)。

除了理论研究，学术会议话语的应用研究还关注了口头报告（胡瑾等，2007；Rowley-Jolivet，2002；Rowley-Jolivet & Carter-Thomas，2005a，2005b；Hood & Forey，2005；Mariotti，2012）和学术讨论（Dubois，1985；Shalom，1993；Tracy & Baratz，1993a；Webber，1997，2002；Wulff，Swales & Keller，2009；Vassileva，2009；柯贤兵，2010；任育新，2013a，2015）。对口头报告的研究涉及功能语言学的体裁理论和人际意义等。例如，胡瑾等（2007）基于功能语言学的体裁理论，从文化语境、情景语境和语言考察了国际学术会议中英语报告的多模式语言符号的意义构建。结果发现，这种构建离不开语言符号的意义和功能。Rowley-Jolivet（2002）分析了在不同学科国际科学会议中口头报告的特点，从视觉角度探讨了这种口语研究体裁（spoken research genre）构建意义的策略及其功能。Rowley-Jolivet 和 Carter-Thomas (2005b) 以国际学术会议中的口头报告和会议论文为研究对象，从信息结构的角度对比了本族语和非本族语科学家在体裁和修辞上的不同处理。

需要特别指出，讨论话语作为学术会议话语的一个重要分支已经成为会话分析、话语分析和语用学等领域的主要研究对象。在师生讨论话语方面，Tracy 和 Baratz（1993a）考察了在研课题报告会上研究生和老师的讨论话语，评述了其中的提问和应答。结合采集的访谈数据，他们提出一种师生话语互动模式，这种模式主要说明个体如何向群体表达自己的想法和观点（如教授和一群研究生之间）。研究还发现，讨论双方不仅相互提出问题，还给予对方评价。这种评价包括“问”的含义，也就是说，评价之后往往有一个隐含问题“你如何看待我刚才所说”。所以，该模式将“评价”也看成“提问”，从问题的难易度、问题的适切性和回答的适切性划分了提问和应答的类型，并分析了讨论双方的身份。该研究进一步发现，提问和应答的类型与讨论双方的身份相互影响。交际双方对提问和应答的难易度以及适切性存在主观判断，这种判断是影响他们在讨论时选择融入或退出学术共同体的主要因素。当然，研究也指出，这种互动模式还需要进一步实证检验。任育新（2013a）分析了汉语语境下博士学位论文开题时专家使用的建议话语。他发现这类话语主要分为自我引入型和他人嵌入型。自我引入型表现出特有的序列模式，确保了建议行为的顺利实施。他（2015）指出，通过这类话语专家建构了四种权势，并分析了每种权势建构的话语策略和语用动因。另外，Dubois（1985）研究了在生物医学会议中的展板展示环节研究者和参观者的互动。结果表明，只有双方都具备一定的交际能力，才能进行有效沟通。Shalom（1993）认为大会发言后的讨论和展板展示时的讨论都属于口语研究过程体裁，但不同的是前者已经被广泛接受，而后者的发展还处于初期阶段。该研究还关注了这两种体裁下参会者话语的内容和功能以及主持人的言语行为。总之，在这两种体裁下，主持人主要采取指导性言语行为，帮助参会者进行言语互动，但在展板展示的讨论环节则更多地实施程序性言语行为。Wulff、Swales 和 Keller（2009）基于应用语言学国际会议，对大会发言和紧随其后的集体讨论进行了个案研究。该研究归纳和统计了在这两种研究过程体裁中参会者使用最多的话语形式及其频率，关注主持人话语呈现的规律，发现尤其在集体讨论开始和结束时，他们往往试图弱化自己的权威角色。而且，在集体讨论中参会者会使用幽默话语，这在很大程度上受他们共有的专业知识和人际关系的影响。在分组讨论方面，Webber（1997，2002）关注会议分组讨论时的提问和应答并分析了问答类型和问答互动。结果表明，这类问答具有规约性和目的性。不仅如此，这种对应结构有助于问答双方共同建构话语意义，传递话语信息，管理人际关系。Vassileva（2009）基于亚里士多德的论辩理论，研究了国际语言学会议的参会者在学术讨论时使用的论辩策略及其交际效果。结果表明，这些论辩策略主要包括表示赞同和表达欣赏、寻求信息和进行澄清等。研究还认为，文化差异和个体差异是导致参会者使用不同论辩策略的原因。Ventola（2002）从体裁分析角度探讨了学术会议分组讨论的结构。研究指出，虽然这种结构可能具有异质性，但是其核心部分仍具有同质性，反映了这类学术话语的共有模式（Swales，1990）。学术会议分组讨论体裁的结构如图 1-2①：

小组讨论
主持人　—宣布小组讨论开始
个人汇报
主持人　—介绍汇报者
汇报者　—感谢主持人的介绍
汇报者　—汇报的情景化
汇报者　—汇报稿和它的体裁结构（如引言、对象和方法、结果、讨论、结论）
汇报者　—感谢听众
听　众　—感谢汇报者（非言语）
主持人　—感谢汇报者
集体讨论
主持人　—宣布集体讨论开始
讨论者　—提问/评论
汇报者　—回答/回应
主持人　—宣布集体讨论结束
⇒循环以上过程：个人汇报^集体讨论
主持人　—宣布小组讨论结束

图 1-2　学术会议分组讨论的体裁结构

以上研究从语用学和话语分析等视角关注分组讨论中参会者使用的话语形式、涉及的话语内容和体现的话语功能，考察了语言特征和副语言特征，但基本以语言特征为主；研究方法既有定性分析，也有定量分析，但以定性分析为主。由此可见，研究内容还未涉及分组讨论中的学者身份（建构）。

① VENTOLA E. Why and what kind of focus on conference presentations?［M］//VENTOLA E，SHALOM C，THOMPSON S. The language of conference. Frankfurt：Peter Lang，2002：29.

第三节　学术话语中的身份研究概况

身份对于学术话语的重要性在于它处在“我们了解学术活动和学科的中心”，我们通过它开展学术活动，“建立关系、形成联盟、表达立场和解决分歧”（Hyland，2012a：210）。Flowerdew 和 Wang（2015）综述了近年来在应用语言学领域有关学术话语中的身份建构研究，涉及：言者和听者在建构身份时所使用的语言资源；声音和学术身份；学科身份；学术身份的历时发展；权力、意识形态、批评语言意识和学术身份建构；语言的加工使用、互文性和学术身份建构；学术身份建构的研究方法；等等。

一、书面学术话语中的身份研究

在书面学术话语方面，身份研究的成果主要表现为以下三点：

（一）电子体裁下的身份研究

Huckin（2008）提出的“电子体裁”概念包括微博、论坛和个人网页等。目前，它已成为学术领域日常交流和沟通的重要方式。黑玉琴等（2012：90）从以下三个方面归纳了学科专业领域中电子体裁的已有研究：①电子体裁对传统学术语篇在语言和语篇层面的影响；②电子体裁与以往学术语篇的结合问题；③对这些新体裁的语步结构进行分析和描述。Luzón（2012）考察了学术微博中评价性形容词的类型、作用和目的，认为它们不仅可以帮助学者建构研究者身份和博客身份，还有利于学者建立和维持与社团其他成员的和谐关系。Kirkup（2010）通过对从事高等教育研究的学者进行访谈，采集他们对于学术微博的看法。访谈主要调查微博在学术实践中发挥的功能和对构建学术身份起到的作用。调查表明，学术微博有可能成为一种拉近学者和公众距离的新型体裁。Hyland（2012b）从文本选择、视觉设计、超文本链接和图片等方面比较和对比了学者在机构网页和个人网页上个体身份和群体身份的建构。研究表明，学者不仅通过建构群体身份来表达和其他成员建立良好关系、融入学术共同体的愿望，同时也通过建构个人的学者身份来凸显自己的特征和需求。这两种身份的建构只是在不同语境下有不同侧重。

（二）作者身份的对比研究

书面学术话语中的作者身份一直是学者们关注的话题，尤其是近年来对比研究成为一种趋势。柳淑芬（2011）考察了中英文论文摘要中作者使用自称语建构的身份。结果发现，这两种摘要中作者的身份具有一定的共性，但也存在较大的文化差异。英美作者比中国作者表现出更高的参与度，而这种差异主要受到作者和读者的社会距离、学术传统、文化传统的影响。唐建萍（2017）结合体裁理论、学科知识和社会文化模式，从语言文化和学科特点对比了英汉学术论文中作者建构的身份。结果表明，作者建构身份的语言资源分为显性和隐性两种。利用这些资源，作者主要扮演语篇组织者、研究者和观点持有者的角色，而影响作者身份构建的关键因素是文化传统、学科差异和语用策略。杨欣然（2015）从自我指称的维度分析了中国和北美语言学硕士论文中作者建构的身份。结果表明，中国学习者的作者身份比较隐性且缺少权威性，需要建构“英语作者”的身份。

（三）多维视角的身份研究

书面学术话语中的身份研究在采用传统视角的同时，也吸收和借鉴了一些全新理论。首先，体裁分析理论具有深远影响。作为重视语言层面的专门用途英语学派的主要代表，Swales 认为体裁是“对交际事件的一种分类，其主要分类标准是依据一些共同的交际目的”（Swales，1990：45-46）。基于 Swales（1990）的观点，Bhatia 认为体裁是“一种经常发生在某种职业团体或学术社区（团体）内可以识别的交际事件，它通常有一套该共同体成员认同和理解的交际目的”（Bhatia，1993：13）。但是，Swales（2004）后来也强调体裁分析对交际情境和社会情境的考察。Hyland（2012a，2015）进一步将 Swales（1990）的体裁分析理论和学术话语研究及其中的身份研究相结合，提出了一组重要概念，如邻近（proximity）和姿态（positioning）。前者指“个人和共同体之间的关系”，后者指“说话人和他所传达的信息之间的关系”（Hyland，2012a：22）。邻近关注话语的互动特征，通过它，个人建构有能力的圈内人身份，交际双方实现共识，为个人的姿态作铺垫；姿态是一种个人观点，它不仅针对所讨论的问题，也针对论讨这些问题（比如他们对待这些问题的评价和立场）的其他人（Hyland，2012a）。总之，邻近涉及“对体裁的选择如何建构了作为共同体成员的个体”，而姿态则涉及“这些选择如何建构作为个体的共同体成员”（Hyland，2015：36）。

另外，孙莉（2015）从语用身份视角研究了中国硕士学位论文的英文摘要，分析了其中存在的问题。李娟（2016）也从同一视角考察了中国博士论文的致谢语，归纳了作者建构的身份类型，分析了建构的话语策略和语用动因。杨林秀（2015）从言据性视角考察了英文学术论文中作者建构的身份，主要涉及言据性资源和作者的可信度、作者的权威性和亲和力、作者的尊重和责任这三者的关系。这类研究都为学术英语写作教学提供了有益的启示。总之，书面学术话语中的身份研究不仅考察传统学术话语，也探究新型学术话语，说明了这类研究对于身份建构的广泛兴趣。

二、口头学术话语中的身份研究

“在学术研究和高等教育领域，言语交际对于保持学术团体成员之间的良好关系和建构他们的学者身份非常重要。”（Flowerdew & Wang，2015：82）目前，在口头学术话语方面的尝试性探索主要聚焦在以研讨为主的互动话语，如论文答辩会（夏芳，2009a；李娜等，2019）、论文指导面谈（董平荣，2012a，2012b）、论文汇报（孙咏梅，2013）、论文开题报告会（任育新，2013b，2013c，2014，2016）、学术研讨会（Tracy & Carjuzáa，1993b；Tracy & Naughton，1994；Konzett，2012；陈新仁等，2016；郭亚东，2016）等。

首先，和论文汇报、论文开题和论文答辩相关的身份建构研究开始起步。夏芳（2009a）运用建构主义身份理论框架和 Zimmerman（1998）的“话语身份”概念，考察了英语专业硕士学位论文答辩委员会成员的身份建构。通过分析这类学术互动中情态和人际意义的使用，她发现不同成员建构了考官身份、同事身份和教师身份等，而且这些话语身份在言语互动中呈现动态变化。董平荣（2012a）以论文指导面谈（supervision session）为例，提出在这种学习交流中师生再现和重构了三种身份关系：微观层面的交际身份关系、行业层面的机构身份关系、宏观层面的社会文化身份关系。其中，最核心的是行业层面的机构身份关系。研究认为，这些关系的本质属性和指导面谈的话语特征密切相关，具体反映在三个方面：关系的多重性和话语的显著性、关系的稳定性和话语的制约性、关系的动态性与话语的开放性。他（2012b）还发现这些师生通过话语实践维持和建构了集体身份。比如，导师作为组织者和学生作为跟随者时，师生话语的结构分为开端、评价过程和结尾。其中，开端一般是问候或以目的为导向的介绍，而评价过程侧重话题组织。导师作为提问者和学生作为回答者时，他们主要使用是非问句和特殊问句。导师作为评价者和学生作为被评价者时，师生的话语内容涉及积极评价和消极评价等。导师是本族语者和学生是非本族语者时，他们主要使用话语标记语等。任育新（2013b，2013c，2014）认为在博士论文开题报告会上，专家提出建议时建构了权威的专家身份、知识渊博的专家身份和谦逊谦和的专家身份。权威的专家身份的建构策略主要是使用特定的话语方式和语义内容，如直接进行评价、建议、不用任何缓和表达、说话非常肯定等；知识渊博的专家身份的建构策略主要是使用特定的语义内容；谦逊的专家身份的建构策略主要是使用强调个人观点的模糊限制语、表示谦虚的程式语，谦和的专家身份的建构策略主要是使用疑问附加语。除了专家身份，建议者还通过各种语用语言策略建构了教师身份、同行研究者身份、新手研究者身份、虚拟建议接受者身份和外行身份。教师身份的建构策略主要是进行启发式问话、使用“学生”称呼语、表达特定的语义内容。同行研究者身份的建构策略主要是使用第一人称“我们”、第二人称“你”。新手研究者身份的建构策略主要是使用特定的语义内容。虚拟建议接受者身份的建构策略主要是转变语用立场或视角，即使用第一人称“我”代替第二人称“你”。外行身份的建构策略主要是表达特定的语义内容。其中，人称代词是建构这些身份的一种重要的语用语言策略，主要包括第一人称代词“我”“我们”“咱们”，第二人称代词“你”和第三人称代词“她/他”（任育新，2016）。结合语言顺应论（Verschueren，1999），任育新（2013b）指出学术建议中专家的身份建构是基于当时特定的交际目标，为了顺应各种交际语境，尤其是为了顺应其中的社交语境和心理语境。另外，孙咏梅（2013）发现，导师组在研究生论文汇报中，根据“角色分工”及相应的“互动权利和义务”，通过第一人称代词“我们”建构了把关者、评价者、鼓励者和帮助者的集体身份。其他的话语实践类型还涉及建构把关者时使用指令性言语行为，建构评价者时进行负面评价，建构鼓励者时予以点头或发出笑声，建构帮助者时表达特定的话语内容等。研究结果表明，导师组在研究生论文汇报中建构的把关者和评价者身份与这种机构话语的“目的导向”紧密相关；建构的鼓励者和帮助者身份则体现明显的人际关系维度。李娜等（2019）指出在英语专业硕士研究生开题答辩和毕业预答辩过程中，答辩人建构了学生身份和研究者身份，并实现了从前者到后者的动态选择。学生身份包括谦逊的学生、诚实的学生和勤奋认真的学生，研究者身份包括观点提出者、论文设计者、内容指引者以及研究过程叙述者。答辩人建构学生身份主要通过接受建议、间接回应、坦陈错误或不足、叙述自己在研究过程中的努力等，建构研究者身份主要通过使用第一人称代词、采取打断或否认等言语行为、语码转换、言语转述等。

其次，学术研讨会上学者的身份建构研究起步较早，备受关注。Tracy 和 Carjuzáa（1993b）通过录音和访谈采集了每周专题讨论会（colloquium）的语料，运用话语分析的方法，探究教师和研究生在这种学术语境下的身份建构。结果发现，他们建构了自己的机构身份（institutional identity）和学者身份（intellectual identities）。机构身份的建构方式主要有三种：选择交谈或沉默、设计问题和当交际对方表示不理解时给予回应。Tracy 和 Naughton（1994）考察了学术会议上学者通过提问进行"身份工作"（identity work）的方式。研究表明，学者通常表现出他们身份的三个方面：拥有宽广知识（knowledgeability）、具有创新能力（originality）和具备学术功底（intellectual sophistication）。第一个方面和有（无）标记的提问相关，第二个方面和时间指示及学术兴趣相关，第三个方面和词汇选择有关。另外，Konzett（2012）关注了语言学和文学的国际会议。借助语境和会话修辞理论（Gumperz，1982）、礼貌理论（Watts，2003），他考察了在分组讨论中汇报者展示自己的策略、他人对汇报者自我展示的回应以及双方通过这种言语互动共同建构专业身份的方式。结果表明，除了专家身份，参议者还建构了学术共同体的成员身份、多重专业身份等。郭亚东（2016）基于与身份建构相关的话语实践类型（陈新仁，2013），发现在间接话语方式、言语行为（建议、批评、表扬、感谢）、称呼语和语气词上，参加学术会议的女性学者和男性学者没有显著差异，但在附加疑问句和副语言特征上却存在显著差异。通过这些话语实践，女性学者遵守了学术实践社区的交际规范，主要建构了学者身份。但在一些特殊的交际情境中，女性学者也通过语气词、附加疑问句、性别指称和副语言特征凸显了她们的性别身份。陈新仁等（2016）以国内学术会议的大会主持人话语和小组主持人话语为语料，分析了主持人建构的七种语用身份：报告人的介绍人、计时员、总结者、评价者、互动引发者、提问者、听者。为了建构这七种语用身份，主持人使用的话语策略包括语体选择、语法选择、词汇选择、言语行为等。研究进一步发现，这些主持人建构的不同语用身份之间存在三种冲突：作为介绍人和作为计时员的冲突、作为计时员和作为听者的冲突、作为提问者和作为互动引发者的冲突。为了消解这些语用身份之间的冲突，主持人在语言层面和副语言层面使用了以下的话语策略：

①针对作为介绍人和作为计时员的冲突：以合适的理由避免介绍；扼要介绍。

②针对作为计时员和作为听者的冲突：使用副语言特征；礼貌打断或中止（音调压低、使用称呼语、面带歉意地微笑等）；直接提醒或中止（较少使用，尤其在主旨发言或大会发言场景下）；放弃打断（副语言特征）。

③针对作为提问者和作为互动引发者的冲突：放弃提问；自己提问；先鼓励听众提问，如时间允许或出现冷场则自己提问。

最后，陈新仁等（2016）认为如果报告人超时，则违犯了学术会议这个学术实践社区的“游戏规则”，但“中国文化特色”的学术文化要求主持人须对学术要人的权势让步，维护报告人面子，放弃他自己的某些重要身份。主持人的让步本质上也是对规则的违犯，侵犯了后面报告人的面子，威胁了听众的面子。

以上研究将会议讨论和身份建构结合，运用不同的身份理论对多种身份类型和它们的话语实践类型进行了定性分析和定量分析。这些研究从微观和宏观上考察了话语结构本身，也探讨了话语和社会的关系。

第四节　相关研究评述

从以上关于身份（建构）的研究不难看出，相关探索既取得了丰硕成果，也存在一些局限，主要表现在两个方面：①不同学科对身份（建构）的理论研究采取不同的视角，分别从身份的社会属性和心理属性界定和阐述了它的定义、分类及建构，使身份（建构）的理论研究日趋全面。在取得这些成绩的同时，身份（建构）的理论研究也说明了从语用学角度继续深入研究的重要性。所以，本研究根据研究目的，基于社会建构主义理论，从语用学视角对身份（建构）给出自己的工作定义。②身份（建构）的应用研究涉及日常话语、工作地话语和机构话语，并侧重机构话语。对这些话语中交际一方或交际双方的身份（建构）研究已经引起广泛关注，这些研究为探讨话语，尤其是机构话语和身份的关系奠定了坚实基础。但是，作为机构话语的一个重要分支，学术话语中的身份研究还有待完善。

另外，上述关于学术话语的研究获得了长足发展，但是，聚焦学术话语中的身份建构依然存在以下不足：①研究主要集中在作者或言者个人的身份建构，而对参与学术话语的其他角色未作说明；②书面语篇中的身份建构或对话性互动中的身份建构研究主要以指称和转述动词等语言特征为研究对象；③身份建构的多重性已经引起重视，但却忽视了身份建构过程中的特征和动因（陈新仁等，2016）。本研究认为，除了这些局限性，口头话语，尤其是学术会议话语中的身份建构研究仍显单薄。

学术会议话语中的身份建构研究主要有以下特色和不足：①考察的会议主要以英语为工作语言，汉语相对较少。随着汉语国际化的推广，汉语研究值得重视。②会议级别以国际性的居多，本土的虽有涉及，但需要加强。③会议时间从20世纪80年代至最近几年，历时研究和共时研究有待推进。④会议地点包括美国、中国和欧洲，在扩大地域的同时，还可以继续开展某一区域的深度研究。⑤会议涵盖的学科有生态学、生物医学、语言学、文学和应用语言学等，针对同一学科的下属学科、邻近学科和不同学科的对比研究都有待深入。⑥体裁上主要集中于陈述和陈述结束后的集体讨论这两种研究过程体裁（Shalom，2002）。研究内容包括语言特征，也有少数涉及副语言特征。在研究其他会议体裁的同时，仍有必要继续考察这两种研究过程体裁下的语言资源和副语言资源。⑦研究对象大致分为汇报者、讨论者和主持人。这三者的语用身份（建构）与他们互动话语之间的关系可以成为今后的研究重点。⑧会议类型包括博士学位论文开题报告会、在研课题报告会、专题讨论会、硕士学位论文答辩会、研究生论文汇报会等，但会议类别的多样性有待拓展。⑨为保证语料的真实性，采集语料的途径有录音、录像和访谈等，但语料的规模有待扩展。⑩研究方法有个案研究、质化研究和量化研究等，可以根据不同的研究目的考虑对这些方法进行必要的整合。⑪研究的理论视角涉及多种学科，但学科内或跨学科的不同理论需要相互借鉴和不断完善。

总之，机构话语研究已经成为会话分析、话语分析、语用学等领域的一个重要研究课题，关于学术会议话语的理论研究和应用研究也受到国内外学者的普遍关注。本研究旨在加强本土化探索，以汉语语境下的学术会议作为研究对象，采取质化研究为主、量化研究为辅的手段，运用目的原则、语用身份论，结合会话分析和民族志等方法对学术会议分组讨论中的学者身份建构进行实证研究。

第五节　小结

本章首先简要回顾以往的身份研究，主要总结了身份（建构）的理论研究和应用研究，包括身份（建构）的研究视角、身份的定义、身份的分类和身份的建构这四个方面。其次，本章综述以往的学术话语研究，从书面语和口语两个方面归纳了相关研究成果。同时，本章梳理了学术话语中的身份研究，尤其是学术会议讨论中学者的身份（建构）研究。在肯定相关研究成果的同时，也从研究对象、研究方法和研究视角等方面概括了它们的局限和不足，这些都为后续研究提供了有益启示。下一章将在介绍目的原则和语用身份论的基础上设计研究框架，为本研究的后续展开打下基础。

第二章　身份建构的分析框架

第一章从身份研究、学术话语研究以及学术话语中的身份研究三个方面对相关文献进行了综述，与此同时对本研究所涉及的一些术语给出工作定义，然后总结了相关研究所取得的成绩和不足并进一步确立了本研究的方向。本章重点论述目的原则和语用身份论，并由此提出本研究的分析框架：首先，介绍目的与目的原则；其次，阐述语用身份论；接着，提出目的导向身份建构分析模式；最后，简要回顾本章内容并小结。

第一节　理论基础

一、目的与目的原则

在哲学范畴内，以往研究对人具有的目的性有不同程度的论述。例如，费尔巴哈（1962：627）认为“人本是一个依照目的而活动的东西”。亚里士多德（2006：33）也强调，“几乎所有的人，不论是个人还是集体，都有一个目的，为了达到这个目的，他们有所为，有所不为”。正因为如此，人的一切社会行为和实践活动也是以目的为导向的。恩格斯（1995：247）指出，“在社会历史领域内进行活动的，是具有意识的、经过思虑或凭激情行动的、追求某种目的的人；任何事情的发生都不是没有自觉的意图，没有预期的目的的”。夏甄陶（1982：3）也提到，“人在进行活动之前，对活动过程结束时所要取得的结果，在这个过程开始时，就已经在头脑中预先地存在着，即已经观念地存在着。这就是目的，而人的活动本身就是要实现这个预定的目的”。可见，人类社会行为的目的性在哲学领域内已经达成共识。

语言是人类实施社会行为和进行实践活动的一种媒介，“通过语言媒介，各自追求自身目的的言语者相互施加影响，以便促使对手形成或接受符合自身利益的意见或意图”（哈贝马斯，2004：95）。所以，语言具有一种自然的目的性。而作为“语言使用的原型”（prototypical）（Levinson，1983：284），“会话”或者说“言语”的目的性也引起一些学者的广泛关注。

Coulthard 指出：“所有的言语事件和言语行为都有目的，即使仅仅是偶尔的寒暄行为也不例外。有时，若干话语事件具有相同的风格，它们之间唯一的区别在于目的和参与者或环境不同。”（转引自廖美珍，2005a：9）Coulthard 的研究突出不同的言语行为在本质上的共同点，即目的性，但未能将其细述，而钱冠连（2002：152）认为，正常的交谈并不受合作与否的影响，只受目的—意图的驱动。有了交际的总的目的，就会在说话中将目的分解成一个个的说话意图并贯彻到话语中去，交际就能顺利进行下去。如果没有交谈的总目的，就不可能在每一个话轮中将目的分解成为意图，于是真正意义上的交际就无法开始或者中途失败。这样就必须把目的—意图驱动过程作为原则来遵守。这便是目的—意图原则。可见，钱冠连的研究在指出交际具有目的性的同时，还注意到了交际目的的层次性。

Leech（1983）和顾曰国（1989，1996，1997，1999，2002）的目的研究已经比较系统化。言语交际不是“路人交易”，因为它以目的为导向（Leech，1983），所以会话中有修辞目的和超语言目的：前者指“选择适当的话语以达到影响听话人采纳说话人的超语言目的的目的”，后者回答“为什么说者对听者讲某句话”的问题（顾曰国，1989：9-10）。换言之，“情景话语中有两种超目的（super-goals）：交际目的（communicative goal）和交际外目的（extra-communicative goal）：前者是传递信息的目的，后者是参与者希望通过话语实现的目的，前者是实现后者的手段”（Gu，1999：163-164）。以医生和病人之间的机构话语为例，言语交际是一个以目的为导向的动态的社会过程，从目的、话语和人际关系的维度出发可以形成话语的“三维分析法”，其中重要的一维是目的在话语中的实现过程（Gu，1996），尤其是互动双方各自对超语言目的的追求（Gu，1997）。不仅如此，这些目的之间的关系包括“目的中性（common）、目的合作（collaborative）、目的独立（independent）和目的冲突（conflictive）”（Gu，1999：163）。在进行目的分析时，主要涉及“目的识别（identification of goals）、目的选择（choice of goals）、目的结构（goal structure）、目的实现方式（means of goal attainment）、目的实现策略（goal attaining strategies）和目的协商（goal negotiation）”（Gu，1999：166）。其中，目的结构可以进一步细分为“共同的目的（common）、合作的目的（collaborative）、不相干的目的（free）和冲突的目的（conflictive）”（Gu，2002：285），而目的实现策略取决于“引发目的的性质，促成关系的类型，目的实现带来的代价与受益，目的结构”（Gu，2002：287）。以上研究除了指出言语行为的目的性，还论述了以目的为导向的话语分析模式，划分了两种目的类型，并对目的关系进行了详细的分类和说明。

在吸收以往研究成果的基础上，廖美珍更加全面、系统地思考话语研究和语用研究中的目的导向问题，并以田野调查为基础，明确提出了语用目的原则①。语用目的原则的依据是“任何言语行为在根本上都是人类行为的一种，任何言语行为都是一种目的性行为实施过程中的一个组成部分”（廖美珍，2005a：2）。语用目的原则的理论体系主要包括以下几个方面：

①目的原则界定目的的概念。它是“生成于人的大脑或者意识、支配人的行为又表达于行为的一种理想的状态。换言之，目的生于大脑，但不仅仅、也不能仅仅存在于大脑，它必须借助言语行为显示”（廖美珍，2005a：3）。作为一个有结构性和层次性的有机系统，“一个话语活动如果不是由一个话语行为构成的，便有一个总目的，总目的之下有子目的，而子目的下可能又有子子目的，形成一个目的系统网络，而所有的子目的都受总目的的支配。从对总目的的重要性来说，目的又可分为

① “目的原则”这一术语由华中师范大学外国语学院廖美珍教授2002年在他的博士学位论文《问答：法庭话语互动研究》中首次提出。在《法庭问答及其互动研究》《目的原则与目的分析——语用研究新途径探索》《目的原则与目的分析——语用话语分析新途径》《目的原则与法庭互动话语合作问题研究》《目的原则与语篇连贯分析》《目的原则与交际模式研究》《目的原则和语境动态性研究》《目的原则和言语行为互动研究》等著作和文章中，廖美珍教授进行了更为全面和系统的论证。

主要目的和次要（辅助）目的，等等”（廖美珍，2005a：5）。所以，这一界定不仅强调目的、人的认知和人的话语行为这三者的关系，还重申了目的的层次性。

②目的原则确定自己的定义（廖美珍，2005a：2）。基于社会学的行动学理论（Action Theory）、言语行为哲学和目的哲学（夏甄陶，1982），语用目的原则主张任何理性（正常）的人的理性（正常）言语行为都是有目的的，或者说，任何理性（正常）的人的理性（正常）行为都带有目的的保证——“交际目的”。说话就是表达目的，说话就是实践（实行）目的，说话就是实现目的。在这个意义上说，说话不是手段，说话是生存；语言不是工具，是生命和生存的展布。换句话说，目的是言语生成的原因，目的是言语发展的动力。这既是一个哲学命题，也是一个语用原则。目的原则是分析言语行为目的的基石。

③目的原则论述自己的主要内容。它具体包括：目的表达（目的与话语形式的关系），目的追求（过程），目的关系，目的互动（目的理解、目的认可、目的采纳、目的拒绝，等等），目的与话语连贯，目的实现手段，目的实现条件，目的与权势关系，目的实现与否，目的与意义（廖美珍，2005b：352）。其中，关于目的与意义，目的原则认为意义存在于对目的选择、目的追求的互动中。“目的使话语有意义……由于目的是说话人的目的，所以意义首先是说话人的意义……但是，说话人的意义要得到听话人的理解或者诠释。”（廖美珍，2005a：5）另外，目的原则的核心部分是动态的目的关系，它是交际者之间必然存在的一种关系，可以表现为“目的一致（相同，相似）、目的冲突（包括目的竞争）、目的中性（无利益冲突）”，它影响合作与否、互动结构和话语成本（廖美珍，2005a：5-8）。

④目的原则描述话语语用分析模式。目的原则下的目的分析模式以目的层次观、目的结构观和目的系统观为理论依据，分为自上而下（从总目的到子目的）和自下而上（从子目的到总目的）两种情况（廖美珍，2005b：5），其流程如图 2-1 所示①：

① 廖美珍.“目的原则”和目的分析——语用研究新途径探索［J］. 修辞学习，2005a（3）：10.

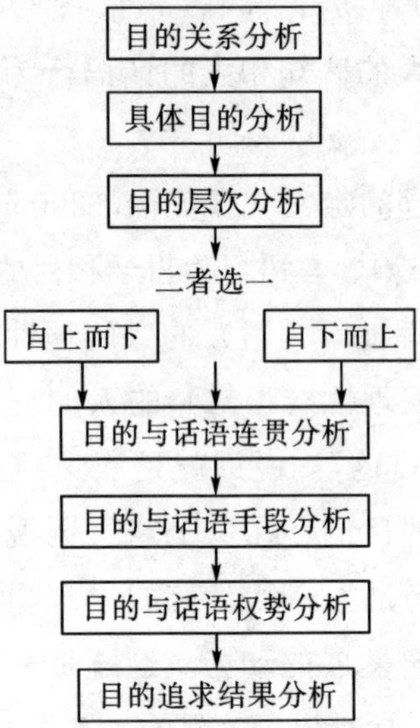

图 2-1　目的原则下的目的分析流程图

⑤目的原则提出自己的交际观和交际模式。目的原则下的交际模式以言语行为理论为理论基础，涉及说话人与目的、听话人与目的以及双方目的互动。它们之间的关系如图 2-2①：

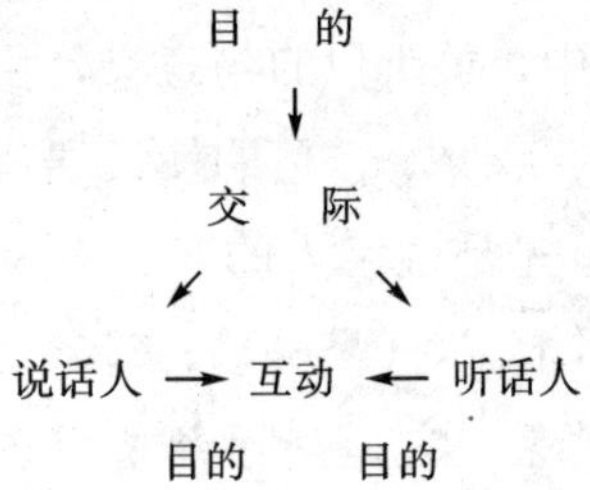

图 2-2　目的原则下的交际模式

所以，根据目的原则下的交际模式，“交际是交际双方共同进行的一种创造性活动，本质上它受到目的的驱使，是追求特定目的的交际，交际过程是交际双方追求目的的过程，交际的成功与否的一个关键性判断标准是交际双方的目的是否被正确、有效地理解和成功地实现”（廖美珍，2009c：101）。

⑥目的原则论证目的、目的关系和言语行为密不可分。对于奥斯汀的言语行为理论而言，目的贯穿于言内行为、言外行为和言后行为，而

① 廖美珍．目的原则与交际模式研究（续）[J]．外语学刊，2009c（6）：103.

且统领这三种行为。不仅言内行为的选择和言外行为的实施体现“目的”因素，而且“以言取效”的“效”就是言语行为目的，所以“以言取效行为”就是目的行为（黄萍，2009：71）。对于言语行为互动而言，它包括主体内互动和主体间互动，前者是后者的基础；目的体现在言语行为互动的不同层面；目的和目的关系影响言语行为互动的策略和结构（廖美珍，2012a）。

二、语用身份论

“语用身份”不仅关注身份的交际属性，还强调它的语用属性（陈新仁，2013）。自从这个概念提出之后，语用身份论逐渐形成（陈新仁，2013，2014a；陈新仁等，2013；陈新仁，2018；袁周敏等，2013c；袁周敏，2015；袁周敏，2016）。该理论的主要内容包括以下几个方面：

（一）语用身份的定义

陈新仁（2013：27）将“语境化的、语言使用者有意或无意选择的自我或对方身份，以及说话人或作者在其话语中提及的社会个体或群体的他者身份”定义为语用身份[①]。也可以说，语用身份是交际者为实现交际需要，对他人和自我的社会定位（袁周敏，2015，2016），是一种语用资源[②]（Hall，1996；Antaki & Widdicombe，1998；陈新仁，2013；陈新仁等，2013；袁周敏，2015，2016）。以上研究不仅描述了语用身份不

---

① “语用身份”这个术语由南京大学外国语学院陈新仁教授在他的“新世纪优秀人才支持计划”（2008—2011）项目中首次提出。在 2008 年 4 月 10 日湖南大学进行的学术讲座“语用身份：理论与应用”和 2009 年 7 月 22 日武汉大学举办的第十一届全国语用学研讨会暨中国语用学研究会第五届年会的学术报告“身份准则：理论建构及应用”中，他对这个概念做了进一步阐述。在著作《语用学视角下的身份与交际研究》《语用身份论：如何用身份话语做事》和文章《语用身份：动态选择与话语建构》《语用学视角下的身份研究——关键问题与主要路径》中，他进行了更为全面和系统的论证。

② 陈新仁（2004：44）认为语用资源主要包括：①语言资源（如称呼语、缓和语、模糊限制语、标记语等）；②副语言资源（包括表情、手势、身势等）；③语境资源（如在场的他人、物体、突发事件或紧急场合、气候等；权力、体制、亲属关系、资历、职业、年龄关系、经济状况等；信仰、价值观、人生观、喜好等）；④上下文（如交际者先前说过的话，广义上还应包括双方的言语交往历史，如在交际中我们有时会说你上次不是说过“……”等）。Li（2014：4）指出语用资源是“在特定的序列和情景语境下通过话语实施的社会行为”。

同于社会身份的区别性特征，还指出了身份建构的语用动因。本研究从语用学视角考察学者身份的动态性，因此依据这些研究对语用身份进行界定。

（二）语用身份的特征和分类

语用身份和社会身份的联系和区别在于：语用身份是具体语境下的，和特定话语相关的一种或多种社会身份，它可能是真实存在的，也可能是暂时虚构的；它和社会身份的不同之处在于其具有交际依赖性和临时性、动态性和可变性、资源性、主观性和目的性（陈新仁，2013：28-29）。袁周敏（2014）结合语言顺应论及语用身份论，从语用身份建构的三个方面（可变性、商讨性、功能性）进一步论证了它的动态顺应性。他认为，语用身份是“交际者社会身份的语用化，是一种语境化的交往身份”，只有“用于当下交际的动态在线身份才构成语用身份”（袁周敏等，2013c：519）。关于语用身份的分类，袁周敏（2016：22-23）认为有自我身份、对方身份和他者身份三种。自我身份指向发话人身份，对方身份指向发话人交际对象身份，而他者身份则是交际双方可能提到的其他人身份（陈新仁，2013：27-32）。需要补充的是，他者身份还包括作为解读资源、施为资源、人际资源、阐释资源和评价资源的身份类别（陈新仁，2014a：702-710）。由此可见，语用身份是运用语用学视角对社会身份的具体诠释。

（三）语用身份的动态选择

语用身份的选择具有以下几个特点（陈新仁，2013：29-30）：①对于说话人来说，无论愿意与否，喜欢不喜欢，只要在当前语境下说话，就必然要做出语用身份的选择；②特定语境下说话人做出的语用身份选择是一个意识程度或高或低的过程；③说话人的语用身份选择是由其当前语境下的交际需求驱动的；④说话人的语用身份选择具有动态性；⑤当前语境下说话人的语用身份选择会体现为各种相应的话语选择；⑥当前语境下说话人选择不同的语用身份会产生不同的交际价值，进而会带来不同的交际效果；⑦说话人所选择的语用身份是否得体、是否可靠、是否有效、是否礼貌等，取决于当前话语发生的语境，包括环境因素、场合类型、是否有第三方在场、交际双方的社会关系、彼此的交往历史、对方的价值观念等。所以，言语交际者在具体语境下对语用身份的动态选择如图 2-3[①] 所示：

交际需求
身份选择
话语选择
交际效果
} 语境

图 2-3　语用身份的动态选择

（四）语用身份的“共建/修辞观”

语用学视角下的身份研究是语用学、话语分析、会话分析、社会互动语言学关注的热点（冉永平，2007a；景晓平等，2007，2013b，2014；江晓红等，2009；冉永平，2011；Yuan，2013a）。这类研究对身份持有“共建观”（Jacoby & Ochs，1995），认为“交际双方协商建构某一种身份甚至多元身份”（袁周敏，2016：21）。但是，随着“语用身份”（陈新仁，2013）的提出，身份的“共建观”正在向“共建/修辞观”发展（袁周敏，2016），不仅强调他人建构，而且重视自我建构，即“说话人自我建构一种或多种身份（转换）以策略性服务于交际目标的实现”（袁周敏，2016：20）。这种共建/修辞观“消解了身份建构的本质主义与建构主义之争，淡化了身份分类的闭合性与开放性之争，推动现有语用学学科发展和分支学科研究”（袁周敏，2016：22-23）。本研究采纳语用身份的“共建/修辞观”，因为这种建构强调为了实现交际目的，一方通过自我、对方、他人建构身份，与之相对应的是，另一方没有拒绝或者拒绝这种身份建构。如果另一方没有拒绝，他还可能通过自我、对方、他人建构身份。

（五）（语用）身份的话语建构

语言对身份的建构体现在词汇选择、话轮设计、序列组织、整个会话结构等（Drew & Heritage，1992），而（语用）身份的建构更具体地体现为“交际者通过语言符号动态建构某一在线身份”（袁周敏，2016：22）。身份和话语实践（discursive practice）互相影响（Tracy，2002；Tracy et al.，2013）。话语实践是“人们进行的言语活动”（Tracy et al.，2013：25），包括人称指示、言语行为、语音和语类混合等简单的会话组

① 陈新仁．语用身份：动态选择与话语建构［J］．外语研究，2013（4）：30.

成要素，也包括交互结构、直（间）接程度、叙事方式和立场等较为复杂的话语方式（Tracy，2002）。

根据这些话语实践类型，Tracy（2002）和 Tracy et al.（2013）提出了关于身份的话语建构分析框架，并对该框架进行了一定的调整。Tracy et al.（2013）认为身份的话语建构分为会话的组成要素和复杂的话语实践，前者包括人称指示、言语行为、视觉和听觉手段、互动结构、语言选择，而后者指语体、立场、叙述、体裁。这些话语实践类型如表 2-1 所示①：

表 2-1 话语实践类型

话语实践	描述
会话的组成要素	
人称指示	用来称呼他人和指称他人或自己的词语
言语行为	通过言语实施的社会行为，有批评、通知、赞扬、指示
视觉和听觉手段	手势、面部表情、说话时借助的物体、方言或口音；使用声音的方式（音高、语速、音质）
互动结构	组合话语的预期方式、话轮转换的规则
语言选择	使用一种语言（如英语、西班牙语、越南语）的意义、语码转换，将一种语言的短语嵌入一种优势语
复杂的话语实践	
语体	一系列说话特征表明一种身份
立场	通过语言、语音和手势的手段表达对一个话题或会话对象的态度
叙事	结构、内容、故事风格
体裁	涉及一系列有序的言语行为和特别词汇的话语活动

基于 Verschueren（1987，1999，2008）的顺应论，陈新仁（2013）也进一步完善了 Tracy（2002）的分析框架，更加充分地描写了与身份建构有关的话语实践类型，如表 2-2 所示②：

① TRACY K，ROBLES J. Everyday talk：building and reflecting identities [M]. 2nd. New York：The Guilford Press，2013：26.

② 陈新仁. 语用身份：动态选择与话语建构 [J]. 外语研究，2013（4）：31.

表 2-2 与身份建构相关的话语实践类型

话语实践	描述
语码选择	提示自己或对方身份的语言（如英语、汉语）、方言（如普通话、东北话）、特定语码、黑话等
语体选择	提示自己或对方身份关系的语体（如正式语体、随意语体等）
语篇特征	提示自己或对方身份关系的语篇或会话组织特征（如话轮转换行为）
话语内容	提示自己或对方身份的话语内容（如话题、信息、观点、预设）
话语方式	提示彼此身份关系的说话方式（表达思想的直接或间接程度、投入程度）
言语行为	提示自己或对方身份的言语行为（如批评、表扬、建议、宣告）
称呼语	提示自己、对方或他人身份的称呼语
语法选择	提示自己、对方或他人身份的语法特征（如人称代词、附加疑问句、感叹句）
词汇选择	提示自己身份或双方身份关系的词汇（如敬辞、行话、缩略词、语气词）
语音特征	提示自己身份的语音方式（音高、语速、音质、口音、标准音）
副语言特征	提示身份的手势、距离、眼神等手段

（六）语用身份研究的主要内容和研究路径

陈新仁（2014a：706）认为基于身份、话语和交际的相互关系，语用学视角下的身份研究应该涉及以下几个方面：

①特定身份的建构如何影响语境中语言的意义生成和理解？

②特定身份的建构如何影响交际需求的满足？

③特定身份的建构如何影响人际意义的表达与理解？

④特定身份的建构如何影响特定语言方式的选择？

⑤特定身份的建构如何影响特定语言使用的得体性和合适性？

对于以上问题，他（2014a：706-707）进一步给出了五条主要研究路径：

路径一：将交际者选择、构建的身份视为一种解读资源（interpretive resource），从身份角度解读话语的意义，如话语的施为用意，当然也包括其中的词汇意义。

路径二：将交际者选择、构建的身份视为一种施为资源（illocutionary

resource）或行事资源（transactional resource），考察交际者如何通过构建特定的身份达到具体交际目标。

路径三：将交际者选择、构建的身份视为一种体现认同取向的人际资源（interpersonal resource），探究交际者如何选择、建构特定的身份以达到亲近或疏远交际对方的目的。

路径四：将交际者选择、构建的（语用）身份视为一种阐释资源（explanatory resource），用来解释特定话语特征的形成原因。

路径五：将交际者选择、构建的（语用）身份视为一种评价资源（evaluative resource），考察特定交际情境中的话语是否具有适切性、得体性、正当性等。

第二节　分析框架

本节首先论证了基于目的原则和语用身份论构建研究框架的合理性，进而强调了研究框架的三个构成要素。在此基础上，详细阐述了本研究分析框架的主要内容。

一、分析框架的构成要素

本研究基于目的原则和语用身份论构建分析框架，主要有三点原因：

①目的原则提出后，已有研究不断尝试对其进行丰富和完善，扩展了它的理论内容和应用领域。在理论层面，目的原则和话语以及语用范畴的关键内容，如言语行为、交际模式、语篇连贯和语境等之间的关系得到进一步论证（廖美珍，2005b，2009a，2009c，2010，2012a；廖美珍等，2012b）。目的原则在机构话语研究中的重要性也受到普遍关注（如黄萍，2009；谢群，2014；吕殊佳等，2015）。首先，“目的关系中的目的更多地体现人与人之间的具有社会属性的目的。这是讲话人希望通过话语而实现的目的，并不是意欲交流的交际目的，这种区分在机构话语中体现得尤为明显”（黄萍，2009：71）。其次，目的原则对于研究机构话语具有足够的适切性：a. 它强调机构话语中的目的、身份和权力等因素，其中目的性是首要的，因为目的是驱动和主导人类言语交际的重要因素；b. 这三者及其派生出来的目的关系、角色关系和权力关系构成交际者使用机构话语的语境；c. 围绕这三种关系形成语用分析框架（吕殊

佳等，2015)。除此之外，还有一系列的实证研究表明，目的原则可以为机构话语研究提供理论性指导，比如法庭话语（廖美珍，2003，2004a，2004b，2005a，2005b，2009a，2009c，2012a；张清，2013；赵洪芳，2009；段少敏，2009；黄萍，2010；王佳宇，2010；夏丹，2012a；夏丹等，2012b；姚霖霜，2012；柯贤兵，2016；吴晶晶，2018；罗桂花，2019a)、医患话语（刘兴兵，2009)、商务谈判话语（谢群，2013)、心理治疗话语（胡文芝，2014)、学术书面话语（刘辉，2013）等。

②语用身份论确立后，其理论内容涵盖语用身份的定义（陈新仁，2013；袁周敏，2015，2016)、语用身份的特征和分类（陈新仁，2013；袁周敏，2014；袁周敏等，2013c；袁周敏，2016)、语用身份的动态选择（陈新仁，2013)、（语用）身份的"共建/修辞观"（Jacoby & Ochs，1995；袁周敏，2016)、（语用）身份的话语建构（Tracy，2002；Tracy et al.，2013；陈新仁等，2013)、语用身份研究的主要内容和研究路径（陈新仁，2014a）等。总之，该理论针对语用学领域的身份（建构）研究进行了较为全面和系统的论述。不仅如此，还有一些实证研究根据语用身份论探究了机构话语中的身份（建构)。这些研究对象包括商业咨询话语（袁周敏，2013a，2013b)、学术会议话语（任育新，2013a，2013b，2013c，2015，2016；陈新仁等，2016；郭亚东，2016)、课堂话语（徐敏等，2015）等。

③结合以上目的原则和语用身份论的理论指导和实际应用，本研究认为学术话语研究作为机构话语研究的一个分支，和其他机构话语研究一样，需要重点考察三个要素：目的、身份和语境。首先，"机构是一种由各种习俗和社会规范组成的结构，它依照可以辨别的目的对某种形式的普遍的共同活动做出规范"（Miller，1938：181-182)。其次，机构话语就是"策略性话语"，并且有明确的目标导向（Habermas，1984)。它是"一种确定人们会话中位置并限制一些说话者对某些话语使用的话语"(Thomborrow，2002：4)，也是"以目的性为导向聚集而成的一种话语类型"（刘辉，2014：151)。吕殊佳等（2015：64）比较全面地总结了以上研究，将机构话语界定为"在机构场所或者制度下，有明确的机构任务或目标，由具有特定机构身份的参与者在从事的职业实践活动中所涉及的话语，包括以谈话方式存在的口语和以文本形式存在的书面语"。虽然目前对机构话语的定义还存在争议，但是从这些不同的定义中可以看

出目的性是机构话语的一种重要属性。另外，关于机构话语区别性特征的相关研究主要集中在目的、身份和语境三个方面。Drew 和 Heritage (1992：22) 将机构话语的三个特点归纳为“以目的为导向；交际一方或双方对话语的贡献受到特殊的限制；其推理框架和步骤受具体机构语境的影响”。这三个特点分别涉及机构话语的目的性、约束性和语境依赖性。Drew 和 Sorjonen (1997：94) 提出对机构话语的研究需要考察“交际者通过语言如何体现他们的机构角色和身份，实现他们的机构目标”，也强调了话语、身份和目标的结合。吕殊佳等 (2015) 总结了机构话语的七个主要特点并指了出它们之间的关系：“话语发生场景的机构性”是非必要条件 (Drew & Heritage，1992；Limberg et al.，2008)，“职业活动任务导向性和话语参与者机构身份的预先标记性派生出话语权力的不对称性、职业活动程序的制约性、话语选择的策略性和话语推理的特殊性”(吕殊佳等，2015：64)。和以往研究相比，吕殊佳等 (2015) 同样突出了目的、身份和语境，但更清晰地说明了这三者的关系。总之，包括学术话语在内的机构话语研究离不开对目的、身份和语境的讨论。

综上所述，基于目的原则和语用身份论构建本研究的分析框架有助于更客观地把握学术话语中学者身份（建构）的“目的”因素。结合目的原则和语用身份论，既可以考察学者的主观能动性，又可以探究学术话语实践和交际语境在学者身份（建构）中的客体作用。

二、目的导向身份建构分析模式

基于以上论证，本研究提出目的导向身份建构分析模式，如图 2-4 所示：

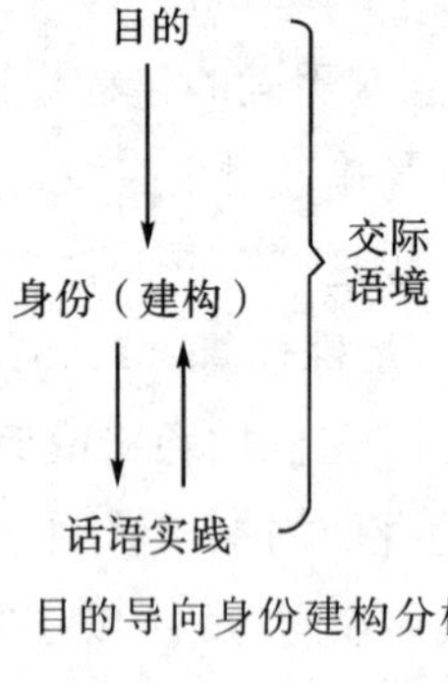

图 2-4　目的导向身份建构分析模式

下面对本研究的分析框架予以进一步的说明。

(一）该框架指向话语角色的语用身份建构

话语角色是“话语主体在话语交际活动中所扮演和体现出来的角色”(曾范敬，2011：51)。根据交际者和话语信息之间的关系，Thomas (1991) 将话语角色分为谈话生产者（producers of talk）和谈话接受者 (receivers of talk)。谈话生产者根据对传递的信息所负责任的大小还可细分为说话者（speaker)、作者（author)、传递者（reporter)、代言者 (spokesperson) 和传声筒（mouthpiece）（转引自俞东明，1996)。谈话接受者包括受话者（addressee)、旁听者或观众（auditor or audience)、旁观者或无意中听到者（bystander or overhearer）和窃听者 (eavesdropper)（何兆熊，1999：333)。不仅如此，机构话语“预设角色分工并形成预期”(pre-determined role-expectations)（Weitzman，2006：158)。对于学术会议分组讨论中互动参与者的话语角色，Ventola (2002) 的划分是主持人（chair)、汇报者（presenter)、讨论者（discussant)，而 Konzett (2012) 的分类是问话人（questioner)、答话人（answerer）和主持人（chairperson)。结合考察学术会议活动，本研究采纳 Ventola (2002) 的分类，将分组讨论中的话语角色划分为主持人、汇报者和讨论者。以此为基础，本研究主要探讨这三种话语角色的语用身份建构。

(二）该框架聚焦身份建构的动态性

结合语用身份的基本特征（见本章第一节)，身份建构的动态性包含四个方面：身份建构的可选择性、身份建构的可变性、身份建构的语境制约性和身份建构的目的性。这四个方面最终体现了学者身份建构的动态性：

1. 可选择性

学术会议分组讨论中，学者可以选择建构不同的身份，而且可以通过选择不同的话语实践类型建构这些身份。

2. 可变性

学术会议分组讨论中，学者的身份建构在会话结构层面呈现一定的分布和变化。这种分布和变化既存在于局部结构内，也体现在整体结构中。

3. 语境制约性

学术会议分组讨论中，学者的身份建构受到交际语境的制约。具体来说，它受到交际语境中的心智世界、社交世界和物理世界的制约。

4. 目的性

学术会议分组讨论中，学者身份建构的可选择性、可变性和语境制约性均以目的为导向。目的性是学者身份建构的根本属性。

（三）该框架体现身份建构和话语实践的相互关系

“言语交际者的身份会影响他们彼此沟通的方式，与此同时，交际者选择的具体话语实践类型也会塑造他们的身份。”（Tracy et al.，2013：25-26）根据以上论述（见本章第一节），Tracy（2002）和 Tracy et al.（2013）划分了话语实践的不同类型，提出、修正和完善了身份话语建构的分析框架。陈新仁（2013）基于 Verschueren（1987，1999，2008）的顺应论，对 Tracy（2002）身份话语建构的分析框架也进行了更充分的描述。本研究参照 Tracy（2002）、Tracy et al.（2013）和陈新仁（2013）的研究成果，不仅注重交际语境的影响和交际目的的主导作用，也注重身份建构和话语实践的相互关系。

（四）该框架强调身份建构的交际语境

“语境（context）”的概念最早由波兰人类学家马林诺夫斯基（Marlinowski）在 1923 年提出后，就一直存在于语用学、社会语用学、会话分析和民族志等研究领域。虽然 Fetzer（2004：3）认为语境“模糊不清，几乎无法把握”，但相关研究仍然探讨了语境的动态性。会话分析认为语境产生于互动话语的动态交际过程（Schegloff，1992）；民族志指出不仅如此，对语境的分析还要考虑除语言之外的其他社会行为（Cicourel，1987）。“如果说语用学有统一主题的话，那么这个主题的核心就是语境。”（Givon，2005：1）对语境的研究基本都离不开谁在说话和对谁说话的探讨（Yule，1996；何兆熊，1999）。语言顺应论（Verschueren，1999）认为语境分为语言语境和交际语境，语言语境主要包括语境衔接、互文性和话语序列，交际语境主要包括物理语境、社交语境和心理语境。廖美珍等（2012b：108）从言语行为和目的原则的角度对语境给出如下定义：“语境是由社会互动意义上的人，在一定目的的驱使下，实施一定的言语行为，从而引起的或者激活的、参与言语行为和意义生成、参与言语行为和意义理解的那些因素构成的。”此外，目的原则还指出，“交际离不开语境，语境离不开交际；交际产生于特定的语境，是在特定语境中的交际”（廖美珍，2009c：101-102）。而且，“追求目的是人的言语行为的动态之源，互动话语交际的过程是目的追求的过程。目的的选择性、选择的可预测性和不可预测性成了话语交际动态语境的重要因素”（廖美珍，2010：1）。关于身份和语境的密切关系(Tajfel & Turner，1986)，以往研究基本认为身份是语境的要素之一(Hyland，2012a)，语境在身份建构中发挥重要作用（Locher & Hoffman，2006)，而且，语用身份是语用资源及潜在语境的一部分（陈新仁，2013；Yuan，2013a，2013b)。本研究考察学术会议分组讨论中的学者身份建构，因此将基于以上论述，主要参照语言顺应论（维索尔伦，2003）中的交际语境框架，因为该框架“涉及的范畴从物理语境中的方方面面（如距离影响到说话声音的大小)，到说话人和听话人之间的社会关系，以及交际双方的种种心态”（维索尔伦，2003：77)。因此，本研究将依据该框架考察学术会议分组讨论中，学者以目的为导向，运用各种话语实践建构语用身份时的语境制约性。

第三节　小结

本章首先简要回顾了目的原则和语用身份论，接着重点论述了学术话语的目的性、目的原则的适切性以及语用身份（建构）的目的性，再次论证了目的性是人的本质属性，是人的行为的根本属性。在此基础上，本章提出研究的分析框架——目的导向身份建构分析模式，并依次从身份建构的可选择性、可变性、语境制约性和目的性说明了身份建构的动态性。本研究认为语用身份的这四种区别性特征主要涉及以下内容：

①从身份建构的可选择性来看，言语交际的互动参与者可以建构多重身份。话语内容、话语形式等话语实践可以反映出不同身份建构的情况。所以，对话语实践的考察有助于了解身份建构的动态性，尤其是认识其客观存在的语言形式。

②从身份建构的可变性来看，言语交际的互动参与者在会话的整体结构中建构了多重身份。不仅如此，这些身份的建构在会话的局部结构中也发生了变化。对身份建构可变性的分析可以进一步丰富关于身份建构动态性的研究，最终论证交际本身是一个不断发展的动态过程。

③从身份建构的语境制约性来看，身份建构和交际语境之间存在密切关系。身份建构受到交际语境的影响和制约，其动态的运作机制也反映了其对交际语境的动态依赖。因此，对身份建构语境制约性的探究有

助于完善对身份建构动态性的研究。

④从身份建构的目的性来看，目的性是人类言语交际活动尤其是身份建构的根本属性。追求目的是身份建构的动态之源，身份建构的过程也是对目的追求的过程。所以，对身份建构中目的因素的挖掘可以从本质上加深对身份建构动态性的理解。

第三章 身份建构的可选择性

上一章基于目的与目的原则、语用身份论提出了本研究的分析框架"目的导向身份建构分析模式"，重点阐述以目的原则和语用身份论为理论基础的三点原因，论证本研究分析框架的四个方面。本章旨在通过考察身份建构的可选择性来说明身份建构的动态性。首先，判断和界定学术会议分组讨论中学者建构的身份类别；接着，进一步分析建构这些身份的话语实践类型，主要涉及专家身份建构的话语实践类型、研究者身份建构的话语实践类型以及教师身份建构的话语实践类型；最后，对本章进行小结。

第一节 身份建构的种类

本部分主要考察在学术会议分组讨论中学者建构的身份种类。根据会话分析的成员归类机制，结合以往相关研究对身份的分类，本研究发现学者主要建构了专家身份、研究者身份和教师身份。研究者身份还可以细分为新手研究者身份、外行研究者身份、参会成员的研究者身份、学科成员的研究者身份。在特定的交际语境下，学者建构的这三种身份有时体现了他们作为个体的特点，有时突出了他们作为群体成员的属性。

一、成员归类机制

成员归类机制（Membership Categorization Devices）是会话分析研究身份的一种方法，该机制由各种类别集合（collections of categories）和两条应用规则构成（Schegloff，2007）。

首先，成员归类机制的类别包括男性、女性、歌手、吉他手等，它们是类别集合的组成单位。由于类别集合中的单个类别具有指示充分性

(Sacks，1992)，所以它能够充分指示交际者的身份。如男性/女性是一个类别集合，歌手/吉他手是另一个类别集合。换言之，男性的身份可能来自“性别”类别集合，歌手的身份可能来自“流行乐队”类别集合。成员归类机制和类别集合之间不是一一对应的关系，举例来说，表示年龄的成员归类机制包含的类别集合可以是一岁/两岁/四十岁……可以是婴儿/儿童/少年/青年……也可以是年轻人/中年人/老年人……(Schegloff，2007：467)。以上集合的类别划分有时存在客观依据，有时取决于说话人的主观判断。

其次，成员归类机制有两条应用规则（Konzett，2012：37)。第一，经济性。虽然交际者可以使用不同的类别来描述个体，但通常他们只会从中选择和他们当前谈话有关的类别。因为在交际互动中，归类主要不是为了准确和客观地描述成员，而是为了突出和目前会话结构的相关性。第二，一致性。一旦有一位成员被纳入某个类别集合，那么其他成员也能够而且通常也愿意被纳入同一类别集合。

最后，成员归类的过程需要考虑成员类别和交际活动的相关性。可以通过个体所属的成员类别了解他/她参与的交际活动，反过来，个体进行的交际活动也可以反映他/她所属的成员类别，这种交际活动被称为类别绑定活动（Schegloff，2007)。

为了界定学术会议分组讨论中学者的语用身份，本研究借鉴和参考成员归类机制，将学术会议的分组讨论视为类别绑定活动。另外，采取交际者参与的视角而非分析者的视角客观划分类别集合及其单个类别。

二、身份建构种类的判断

根据《朗文高阶英汉双解词典》对“专家”① 的定义，本研究认为从一定程度上来说，参加学术会议的大部分学者为某些学科的行家，而且，在由他们组成的学术共同体内，每位成员都希望能够建构和他人一样，甚至是比他人更权威的专家身份，这是他们参加学术会议的主要目的之一。然而在分组讨论环节，基于不同的交际目的和交际语境，汇报者、主持人和讨论者的语用身份（建构）呈现动态性。本研究基于成员归类

---

① expert：someone who has a special skill or special knowledge of a subject，gained as a result of training or experience 专家，内行.（英国培生教育出版集团编，2006：707）

机制和采集的真实语料，参考了学术研讨话语研究中对身份的分类(Tracy & Carjuzaa，1993b；Tracy & Naughton，1994；Konzett，2012；夏芳，2009a；孙咏梅，2013；任育新，2013b，2013c，2016；陈新仁等，2016；郭亚东，2016)，对学者的语用身份进行了界定和分类。结果表明，在学术会议分组讨论中，学者建构的身份类别主要有专家身份、研究者身份和教师身份。研究者身份可以进一步细分为新手研究者身份、外行研究者身份、参会成员的研究者身份和学科成员的研究者身份。每种类别及其话语实践的实例如表 3-1 所示：

表 3-1　身份建构的类别及其话语实践的实例

身份建构的类别			话语实践的实例
专家身份	作为个体		讨论者：……就是我也阅读过相关文献，就一部分人指出，Halliday 提出这个框架，在一定程度上是基于 Halliday 提出的三个元功能，他选取了其中两个，textual function 和 interpersonal function。所以很多人说他的这个元话语可能是建立在 SFL 的基础上……
	作为群体成员		讨论者：……这个结论我们在审稿的时候经常看到这样的结论……
研究者身份	作为个体	新手研究者身份	汇报者：……其实，我是想深入这方面的研究，但是我自己觉得有些问题还没有想得很明白……
		外行研究者身份	讨论者：我其实很外行哈。因为我，做，做语法研究，（笑）做语言学。
	作为群体成员	参会成员的研究者身份	汇报者：……我是觉得，比如说像言据标记啊，就是明确的。就像刚才××讲到的引用，其实是有很多作者的评价、立场、观点、态度在里面的……
		学科成员的研究者身份	讨论者：……你要做文学里面 narration 的研究的话，它那个里面身份的构建还更多了。我们语言学里面可能没有这么复杂……
教师身份	作为个体		主持人：还有没有问题？啊，那个如果没有问题的话，我们就谢谢，⊥我们的掌声就送给××老师。
	作为群体成员		汇报者：小语种老师没人去学，都是那些学英语，学什么，你们留校赶紧去。⊥ 送到国外，冰岛啊，豪萨语，去学，学完就开课。……

第二节　身份建构与言语行为

关于身份建构和言语行为的关系已经形成较为丰富的研究成果（Le Page & Tabouret-Keller，1985；Hyland，2012a；Tracy et al.，2013；任育新，2014；袁周敏，2015；郭亚东，2016）。基于采集的语料，本研究发现言语行为是学术会议分组讨论中学者建构多重身份的主要话语实践类型。

一、言语行为理论

本部分论述了言语行为理论的主要内容：言语行为的分类、直接言语行为和间接言语行为、言语行为序列、问话和答话。以此为基础，本研究界定了语料中涉及的言语行为类别。

（一）言语行为的分类

言语行为理论的创始人 Austin 指出："所有的言语既包含陈述因素，也包含施为因素，它们在说的同时也在做。"（Verschueren，2000：22）所以，当进行言语交际研究时，话语的行事需要特别关注。"Austin 认为，一个人在说话的时候，在大多数情况下，同时实施三种行为：言内行为（locutionary act）、言外行为（illocutionary act）和言后行为（perlocutionary act）。"（何兆熊，1999：92）

Searle 继承、修正和发展了 Austin 的言语行为理论，提出言语行为是"语言交际最基本的或最小的单位"（Searle，1969：38）。不仅如此，他（1969：23-25）还认为言语行为可以划分为以下四种类型：

①出语行为（utterance act），说出语词和句子的行为；②命题行为（propositional act），指称和描述事物的行为；③言外行为（illocutionary act），通过说话去做某事的行为；④取效行为（perlocutionary act），对听话人的思想、信念和行为产生影响的行为。

正如哈贝马斯（2004：266）所言："我们必须认真对待以言行事功能，把它们看作是特殊的功能，因为它们详细说明言语者在他的表达中所提出的是怎样的有效性要求，又是如何提出的，他为什么会提出这些有效性要求。"对言外行为的探讨成为以往相关研究的焦点。

Austin（1962：151）把言外行为分为五大类：①裁决型

(verdictives)；②行使型（exercitives）；③承诺型（commissives）；④表态型（behabitives）；⑤阐述型（expositives）。Searle（1979：12-17）依据言外之的（illocutionary point）、适从向（direction of fit）和所表达的心理状态（expressed psychological state）把 Austin 对言外行为的分类修改为五个类别：①断言类（assertives），如陈述、声明等；②指令类（directives），如命令、要求等；③承诺类（commissives），如发誓、保证等；④表达类（expressives），如道歉、感谢等；⑤宣告类（declarations），如宣布、命名等。

（二）直接言语行为和间接言语行为

直接言语行为是根据言语行为的分类和言语行为动词可以判断的具体的言语行为。说话者可以通过话语形式的字面意义，实施直接言语行为，最终直接实现其交际意图。

在直接言语行为的基础上，Searle（1975）通过例子"Can you reach the salt?"进一步讨论了间接言语行为。间接言语行为是说话者为了实现其交际意图，通过话语形式的字面意义传达其言外之意的言语行为。Searle 认为理解或传达间接言语行为需要有四条依据："说话人的知识和听话人所理解的语境信息；听话人的知识及推断能力；言语行为理论，了解人们是如何以言行事的；语用含意理论，特别是了解'会话含意'理论中有关合作原则的各准则的恪守和违反可能带来的语用含意。"（转引自袁周敏，2015：61）另外，Liu（2011：1806）尝试对汉语本族语者不含言语行为动词的言外行为进行分类。这些类别主要包括：①断言类（assertives），如猜测、介绍、承认；②指令类（directives），如建议、询问；③承诺类（commissives），如威胁、拒绝、原谅、妥协；④表达类（expressives），如感谢、道歉、祝贺、欢迎、同情、反对、抱怨、后悔、鼓励、安慰；⑤宣告类（declarations），如宣布。

（三）言语行为序列

实际上，在现实的言语交际活动中，说话者除了实施直接言语行为和间接言语行为，还有可能每次说话时不只实行了一种言语行为。"在一般情况下，一个言语行为只是一个由若干言语行为组成的一个话语活动的言语性问题的一部分。反过来说，话语活动一般都是由一个以上的言语行为组成的行为体。"（廖美珍，2003：31）关于这种现象的研究主要涉及言语行为序列（Ferrara，1980；何自然等，2004）、言语行为三分法

(Blum-Kulka et al.，1989)、大言语行为（macro speech act）和小言语行为（micro speech act）。Blum-Kulka et al.（1989）将一个言语行为分成中心言语行为（central speech act）、辅助言语行为（auxiliary speech act）和修饰语（microunit）。廖美珍（2003）认为一个问（答）的大言语行为通常有三个组成部分：前导行为、核心行为和后续行为。Blum-Kulka et al.（1989）和廖美珍（2003）不仅采用了三分法划分言语行为，还指出了不同言语行为的构成要素在言语行为的实施过程中具有不同的重要性。此类研究克服了传统言语行为理论的不足，尤其弥补了孤立分析单个言语行为的缺陷（Searle，1992）。

结合以上论述，本研究对语料中言语行为的类别界定如下：

①对直接言语行为和间接言语行为的判断和细分主要参照 Austin（1962：151）、Searle（1979：12-17）和 Liu（2011：1806）的研究。本研究中，参加学术会议分组讨论的学者使用了为数不多的直接言语行为，其中建议有 20 例，寻求建议有 6 例，猜测有 2 例。对于这种语言现象，Austin（2002：71）曾指出："作为一种隐性施为句，很多话语形式部分隐于许多显性施为句的整体之中。"Searle（2001：68）也指出："施为用意标记（illocutionary force indicating device）如言语行为动词等并不总是出现。"

②对于在同一个话轮[①]里实施的言语行为序列，本研究采取三分法（廖美珍，2003），用整个言语行为序列中的核心言语行为来计算学术会议分组讨论中学者实施的言语行为次数和频率。

③因为语言本质上的高度模糊性，本研究在判断和细分过程中将结合语言顺应的交际语境（Verschueren，2000）。

（四）问话和答话

关于问话和答话已经形成了比较丰硕的研究成果（Sacks，1995；Webber，1997；Pan，2013；Cheng，2013；吕叔湘，1982；邵敬敏，1996；邢福义，1996；邢公畹，1992；李宇明等，1998；廖美珍，2003；

① 本研究对于"话轮"采纳了 Edmondson（1981）的界定。Edmondson（1981）认为"话轮"（turn）有两方面的意义：一是指会话过程中参与者的一次发言或说话的机会；二是指会话的一个结构单位，即一个会话参与者在一次说话机会里所说的全部话语。

黄萍，2014；胡文芝，2014）。基于这些研究和采集的语料，本研究发现在学术会议分组讨论中，问话和答话对于学者建构多重身份起到了直接或间接的作用。

1. 问话类别

问话是引出答话的话语行为（Sacks，1995）。问话不同于问句，前者指言语行为，后者是句法特征。汉语界对问话的传统分类有二分法、三分法、四分法、五分法等。比较典型的分类是二分法的是非问和特指问（吕叔湘，1982）、二分法的是非选择问和特指选择问（邵敬敏，1996）等。三分法有是非问、特指问、选择问（邢福义，1996）。四分法有是非问、正反问、特指问、选择问（邢公畹，1992）。五分法有是非问、正反问、特指问、选择问，非疑问形式＋呢（李宇明等，1998）。

对于机构话语中问话类别的研究，主要有 Webber（1997）、廖美珍（2003）、Pan（2013）、黄萍（2014）、Cheng（2013）等。廖美珍（2003）在借鉴传统分类的基础上，按照问话所索求的信息把法庭问话分成两类：开放性问话（open questions）和封闭性问话（closed questions）。开放性问话主要是特指问话。根据所问内容的具体程度和宽泛程度，特指问话又分为窄式特指问话和宽式特指问话。封闭式问话则包含选择问话、正反问话、是非问话（肯定是非问话和否定是非问话）、陈述问话、附加问话。根据其支配力的大小，问话形成一个（由弱到强）的连续体。这个连续体的顺序依次为：宽式特指问话、严式特指问话、选择问话、正反问话、一般肯定问话、一般否定问话、陈述式是非问话、附加问话。Pan（2013）认为问话有询问一般信息的问话、询问具体信息的问话、询问个人观点的问话、表达评价的问话。黄萍（2014）指出侦查讯问的问答言语行为互动具有一定的规律和特征，这种规律和特征可以归纳为以下七个方面：①全疑问话——全息式应答；②全疑问话——缺息式应答；③全疑问话——超息式应答；④半疑问话及其应答；⑤填表式问话及其应答；⑥对有疑问话的应对；⑦无疑问话及其回应。

针对学术会议工作坊上出现的问话，Webber（1997：2）认为可以将它们细分为以下四种：①问话是为了获取更进一步的信息或者是为了寻求澄清；②问话本质上是为了提出建议，帮助研究者解决问题或深入研究；③问话具有潜在的威胁性，这种问话的目的是批评正在被讨论的内容；④问话实际上是为了评价正在被讨论的话题。他（1997：5）同时指出："语言的本质决定了这种划分不是绝对的，似乎只是寻求信息的问话实际上可能是含蓄的批评。"他（1997：7）还指出，答话的功能有"回避和逃避、进行重述、找借口或辩护、拒绝承认、发起攻击、妥协让步、坚持立场"。除此之外，Webber（2002）继续修正和完善了以上研究。一方面，他再次强调因为语言本质上的模糊性不可避免地会使言语交际者之间产生误解，所以在工作坊的讨论中交际者双方对问和答的理解也会造成不一致。另一方面，他提出可以尝试首先基于问话人的目的，然后根据答话人的答话在有些情况下对问话种类的划分做出调整。调整以后的问话类型有以下五种：①引出信息的问话（关于事实或观点）；②批评或攻击；③提出建议；④给予评价；⑤混合—评价＋引出信息。判断这些问话的类别有时可以通过话语背后的隐含意义，有时只能结合对这些问话的回应。另外，这类问答不仅具有一定的规约性和目的性，而且问答双方共同建构了话语意义，组织了话语信息，管理了社会关系。所以，参会者既要表现出礼貌和友好，也要进行学术争辩，体现一定的人际距离。Cheng（2013）将 Webber（2002）的研究成果应用于探讨汉语问话的语用功能。他认为汉语问话具有六种语用功能：①引出信息（关于事实）；②引出信息（关于观点）；③批评或攻击；④实施建议；⑤进行评价；⑥综合前五种功能。

2. 答话类别

以往对汉语机构话语答话类别的研究有廖美珍（2004a）、Pan（2013）、胡文芝（2014）和黄萍（2014）。Pan（2013）总结的答话有和问题匹配的回答，和问题部分匹配的部分回答，和问题询问的信息无关或者退出回答问题的答话。根据心理治疗门诊话语的问话类型和答话特点，胡文芝（2014）将答话分为最小答话、简单答话和扩展性答话。以是否"寻求信息"为判断标准，黄萍（2014）认为可以将问话分为"有疑问话"和"无疑问话"。对有疑问话的言语反应是"回答"，对无疑问话的言语反应是"回应"，其中对有疑问话的"回答"又分为"应答"和"应对"。针对问话中疑问点的回答就是"应答"，没有针对问话中疑问点的回答就是"应对"。

除了上述学者对汉语机构话语答话类别的探讨外，Cheng（2013）还根据汉语答话的语用功能把答话按照从最适合到最不适合划分为下面五种：①明确给出充足信息（comply）；②含蓄给出充足信息（imply）；

③给出不充足信息（supply）；④（有意识地）避免回答问题（evade）；⑤声称不知道问题的答案（disclaim）。

3. 学术会议分组讨论中的问答

以往成果中 Webber（1997，2002）和 Cheng（2013）的分类为本研究提供了重要的借鉴和参考，但结合所考察的学术会议实践和言语行为理论（Austin，1962；Searle，1975），本研究做出四点说明：①关于引出信息的问话（针对事实或观点）的判断，人文学科本身的学科特点决定了很难区分两者（Konzett，2012），所以本研究将问话看成寻求信息的言语行为（Pan，2013），不再进行事实类问话或观点类问话的进一步区分。②虽然 Webber（1997，2002）和 Cheng（2013）的分类实际上不仅仅涉及通过问话实施的询问行为，本研究还是将予以批评、提供建议、给出评价、陈述性的断言等纳入通过问话和答话实施的间接言语行为。换言之，本研究采纳黄萍（2014）的观点，认为在问话和答话的互动中存在直接言语行为和间接言语行为的选择。③基于采集的语料中问话和答话的特征，本研究基本依据廖美珍（2003）、Pan（2013）、黄萍（2014）和胡文芝（2014）的界定和分类。④在部分语料中出现了一些像问话又不像问话的言语行为（标示为“。?”）。这类言语行为的疑问度比较低，因为它们的主要功能是寻求关注、实现倾听、加深理解和达到共情，所以交际中的一方对这类言语行为基本上没有给予回应，而只是让另一方继续自己的陈述。

二、身份建构与言语行为的关系

相关研究主要从理论和应用两个层面论述了身份和言语行为的相互关系。Le Page 和 Tabouret-Keller（1985：14）认为言语行为本质上是“身份行为（acts of identity），语言使用表征身份或社会角色”。同样赞同这一观念的还有 Hyland（2012a），他主张将学术话语，不论是口头的还是书面的，都看成一种“身份行为”（Hyland，2012a：17）。Tracy et al.（2013）也论述了身份和言语行为的关系。她（2013：80-87）指出“身份和言语行为互为影响”，并总结了关于两者关系的四条原则：①已经存在的身份影响言语行为的实施；②实施言语行为可以建构和改变身份；③言语行为和言语社区有区别；④需要区分形式和功能。这些原则主要涉及身份对言语行为的制约性，探讨了实施言语行为和建构身份或改变身份的关联性。身份体现人与人之间的关系，这种人际关系不是一成不变的，会随着时间的变化发生改变。那么，通过不实施或者实施某些特殊的言语行为可以带来这种关系的变化。Tracy et al.（2013）基于自己对身份分类提出的这四条原则为本研究探讨语用身份和言语行为的关系提供了重要参考，尤其是原则一、原则二和原则四。

针对身份建构和言语行为的关系问题，除了以上的理论探讨，还有一些应用研究。任育新（2014）结合话语分析方法，使用语言顺应论（Verschueren，1999），考察了在博士论文开题报告会上专家通过建议这种言语行为建构的语用身份。他认为在这类言语行为序列中，专家动态建构了专家身份、教师身份、建议接受者身份、同行研究者身份、新手研究者身份和外行身份。建构这些身份的目的是满足当前的交际需要，顺应不同的交际语境。袁周敏（2015）参照 Searle（2001）的言语行为分类法，结合商业咨询话语，发现咨询顾问建构专家身份时主要实施了断言类和指令类的言语行为。断言类的言语行为有（介绍性）断言和（总结性）断言，指令类的言语行为包括要求提供信息、要求进行确认、建议和劝说。咨询顾问建构同伴身份时主要实施了（介绍性）断言、提出要求和表情类（赞美、安慰和祝福）的言语行为。咨询顾问建构销售代表的身份时主要实施了（介绍性）断言、劝说和承诺类的言语行为。郭亚东（2016）认为在学术会议上女性学者为了建构自己的学术身份，她们主要实施了建议、批评、表扬和感谢这四类言语行为。为了进一步分析学术会议分组讨论中学者的身份建构和他们的言语行为的关系，本研究借鉴了以上应用研究的成果，从话语内容和话语形式两个维度（Tracy，2002；Tracy et al.，2013；陈新仁，2013）考察学术会议分组讨论中学者的身份建构以及和这些身份建构相关的话语实践类型。

第三节　专家身份建构的话语实践

Tracy（2002）、Tracy et al.（2013）和陈新仁（2013）都探讨了和身份建构有关的话语实践类型（见第二章第一节）。需要说明的是，在现实的言语交际活动中，参与者可能使用不同的话语实践类型建构一种身份，也可能采用一种话语实践类型建构不同的身份。为了揭示学术会议分组讨论中学者建构的多重身份以及和这些身份建构相关的话语实践类型，本部分将对它们分开探讨。而且，在接下来的语料分析过程中，会综合话语实践的各个层面对身份（建构）加以考察。

通过分析语料，本研究发现在学术会议分组讨论中，学者建构了专家身份。这种身份的建构在话语内容上可以体现为对专业词汇的解释和对研究局限的预知；在话语形式上可以表现为陈述性的断言、建议、评价、责备、打断、解述以及社会称谓语的使用。

一、话语内容

（一）对专业词汇的解释

学术会议分组讨论通常涉及对某个专业词汇的讨论。学者探讨这类话题时体现了他们的专业知识和学术水平。

例 3-1

→1. 主持人：…… 所以就是在做评价的时候，这个评价者代表着两个。第一个呢，它代表的是后面的一个学术社区，对于这个研究成果的评价。所以书评用 in my opinion，它代表的是学术社区，不代表个人立场。而另外一种 in my opinion 是代表学术社区的个体，这里是有区别的。

2. 汇报者：好的，谢谢。

陈新仁等（2016）发现，在学术会议场景下，主持人建构的语用身份包括报告人的介绍人、计时员、总结者、评价者、互动引发者、提问者和听者。本研究认为，主持人如果参与到汇报者和讨论者的互动交流中，他/她的话语角色会由主持人转换为讨论者。此例中，针对“评价者”这个和学术书评相关的专业词汇，主持人指出有必要对其进行再细分，并给出了详细的解释，展现了他个人的学术知识，反映了他自己权威的专家身份。

（二）对研究局限的预知

在某种程度上，学术研究通常都具有自身的局限。研究者如果在研究过程中能够清楚认识到这些不足，并提供合理的解释，说明他已经具备独立开展专业研究的能力。

例 3-2

1. 讨论者：……下一页看看结论，这个结论现在有个证据说什么最多，什么最少，按照那个顺序来，我就是想问一下你这个是描述性研究还是属于什么样的研究方式？（..）因为我们的研究要么发现规律，比如描述，要么就解决问题，（…）你到底是发现规律为主，还是解决问题？还是解决什么问题？刚才没有回答。

→2. 汇报者：是这样，其实我原先是30篇论文，然后是准备generalize一些finding的，（..）但是最后因为时间的问题，我只是拿10篇出来分析统计，就相当于一个pilot study，这也是为什么我没有深入地去进行讨论的原因，就是这些数据出来，究竟怎么样去解释它？因为我觉得在没有大量的，⊥一定量的情况下直接得出一些结论，是有问题的。

此例中，对于自己的实证研究，汇报者描述研究设计的调整过程，解释研究存在的不足，强调不能基于有限的语料得出普遍性结论的重要性。这些都说明汇报者熟悉基本的学术研究规范，并且具备了良好的科研意识和学术素养。

二、话语形式

（一）陈述性的断言

对于断言类的言外行为而言，“它的言外之的是使说话人对所表达的命题的真实性做出承许，也就是说他必须相信自己所说的话的真实性；这一类言外行为的适从向是从话语到客观现实；所表达的心理状态是相信”（何兆熊，1999：105）。断言类的言外行为包括声称、陈述、假设、猜想等。学术会议分组讨论中，学者通过实施陈述性的断言可以建构专家身份。

例3-3

……

→1. 讨论者：那你觉得他的提出的那个transition marker和Halliday提出的cohesive devices，有没有一定的similarity？

2. 汇报者：我觉得这里的transition是cohesive的一部分，要达到这个cohesive肯定不光光是transition，（..）包括这里所谓的frame marker，还有内指标记这些，其实对那个cohesiveness都是有帮助的。

→3. 讨论者：也就是说，你觉得在这个cohesive这个层面上，它们两个提出的互补一下，比较全面一点吗？

→4. 汇报者：就是 cohesiveness 这个 notion 虽然提出来了，但是他没有说究竟具体表现在语言层面有哪些，而 Halliday 他是明确地说到了这几个类别。对于他的语篇组织，cohesion 有帮助，我觉得这个更细化了。

5. 讨论者：谢谢。

此例中，讨论者实施了询问的言语行为（第 1 个话轮和第 3 个话轮），依次使用的是正反问话（“……有没有……?”）和陈述式是非问话（“……比较全面一点吗?”）。正反问话和陈述式是非问话的支配力大小由弱到强（廖美珍，2003）。针对这两个问话，汇报者在给出扩展性否定答话①的同时，还履行了陈述性的断言行为，有条理地表达了自己对讨论者所提出的两个问题的看法。所以，结合表达个人观点的模糊限制语（“我觉得”）可以判断，汇报者建构自己专家的身份。

（二）建议

建议是一种指令类言语行为（Austin，1962；Searle，1969），可以要求被建议者实施某种行为，也可以批评被建议者还未实施某种行为。学术会议分组讨论中，建议这种言语行为的命题内容通常包括对研究成果的不同看法，对研究话题的不同态度，对研究现象的不同描述，对研究数据的不同考察等。从建议的命题内容和实施方式来看，学者通过这种言语行为建构了自己专家的身份。

例 3-4

→1. 主持人：你把那个，⊥我觉得过程当中发生的一些事件｛……｝因为是定性研究嘛，观察一个到三个，那么要把一些背景性的资料放进去，包括他们什么东西给别人方面的一些想法，你这都要写进来。

2. 汇报者：谢谢！

该例中，主持人加入了汇报者和讨论者的互动交流，此时他的话语角色已经转换为讨论者。根据汉语建议言语行为的分类（任育新，

① 扩展性答话分为扩展性肯定答话和扩展性否定答话，意指答话人针对答话或者直接做出表示肯定或者否定的详细叙述或解释，或者先表示肯定或否定，然后进一步做出相应的叙述或解释（胡文芝，2014：103）。

2014)，该例中的建议属于规约性间接言语行为，句法特征是表达个人观点的陈述句而不是问句。建议也是一种面子威胁行为（Brown & Levinson，1987)，所以主持人的建议直接针对汇报者，威胁到汇报者的素质面子（Spencer-Oatey，2007：14)。为了降低这种威胁，主持人在提到汇报者忽略了研究细节的同时，使用了"我觉得"这个强调个人观点的模糊限制语（Mullan，2010)。由此可见，主持人一方面展现了个人的专业知识，建构了自我权威的专家身份，另一方面也试图减少对汇报者素质面子的威胁，表现出自己谦和的一面。

（三）评价

根据 Austin（1962）的分类，评价是一种裁决类言语行为。学术会议分组讨论中，评价的命题内容通常涉及汇报者的研究陈述或者讨论中提及的更宽泛的研究问题。通过实施这种行为，学者可以表达自己的学术见解，建构自己专家的身份。

例 3-5

→1. 主持人：这是一个非常新的研究角度，是对于文献引用、文献综述时候的作者身份的一个研究。好，那大家现在看看有没有什么问题？

2. 讨论者：这个我有两个问题……

该例中，主持人的话语位于分组讨论的开始阶段。在引发汇报者和讨论者的互动之前，她实施了评价的言语行为，积极评价汇报者的研究视角，表达对其研究的欣赏，维护汇报者的素质面子（Spencer-Oatey，2008)。从命题内容来看，"这是一个非常新的研究角度"说明主持人从历时和共时两个维度都对汇报者所属学科的研究成果非常熟悉和了解。所以，结合主持人对汇报者研究陈述的总结（"……是对于文献引用、文献综述时候的作者身份的一个研究"）可以判断，主持人建构了自己权威的专家身份。

（四）责备

对于责备（reproaching）这种言语行为，它可以是"批评（criticizing)、训斥（reprimanding)、挑错（finding fault)、指责（accusing)、怀疑他人的判断或决定（questioning someone's judgement or decision)、要求解释（asking for an account)、对峙（confronting)"（Tracy et al.，2013：92)。"如果用于表达不满，它属于表达类言语行

为；如果用于描述他人过错，它属于描述类言语行为；如果用于使他人改变行为，它属于指令类言语行为。”（Tracy et al.，2013：92）责备的具体分类为“直接责备；要求解释；暗示道德或智商上高人一等；表达惊讶或反感”（Tracy et al.，2013：93）。对责备的回应有解释和否认等。学术会议分组讨论中，通过实施这种言语行为，学者可以建构自己的专家身份。

例 3-6

→1. 讨论者：……啊，你的第一个，就是说这个面子的这个需求哈，因为我从你的那个第二个 collection 上面来看的话，你在收集那个语料的时候，其实你是没有考虑到这个 gender 的因素。

2. 汇报者：嗯。

3. 讨论者：就是性别的因素，男的和女的，他们在措辞上，那应该是有不同的。比如说它的剧烈程度，还有包括它在这个，呃，评判的这种语气的这种上面，它应该会有，有蛮大的这个不一样……

该例中，讨论者指出汇报者在语料采集过程中存在的问题（“……其实你是没有考虑到这个 gender 的因素”），希望汇报者在今后研究中加以改进。这种直接责备属于指令类言语行为。通过实施这种言语行为，讨论者建构了自己权威的专家身份。汇报者的回应（“嗯。”）属于“反馈性提示语”（backchanneling cues）①，只是表示对讨论者话语内容的理解和关注，并未表明自己的态度。

（五）打断

机构话语研究已经表明打断是一个比较普遍的现象，如法庭话语（廖美珍，2004a，2004b，2009a，2015；吕万英，2005）、医疗话语（刘兴兵，2008）和商业咨询话语（袁周敏，2015）。这些研究涉及打断和身份（袁周敏，2015）、打断和性别（廖美珍，2015）、打断和角色（刘兴兵，2008）等。对于打断的定义，本研究采用袁周敏（2015）的界定。

① 反馈性提示语（backchanneling cues）只是对方讲话过程中的一种附和性的言语行为，并没有主张话轮权利，仅仅表示听话人对对方话语的一种倾听、理解、赞同或者鼓励等（胡文芝，2014：106）。

"打断是当前说话人正在说话且其话轮并没有结束时，另一方就开始说话(Coates，1988)，并且取得话轮的行为。这需要满足以下两个条件：第一，一方正处于说话中并且把持当前话轮；第二，另一方在此基础上进行插话，取得话轮。"（袁周敏，2015：100）对于打断的内容和结构，本研究参考廖美珍（2004a，2004b，2009a，2009c）的分类。具体而言，在内容上，打断有"支持、补充、附和、话题一致、方向一致"等。模式上，打断一般为 AB（一次）型、AB-AB（连续）型、ABA-BAB（相互交叉）型、ABC（第三者）介入型。形式上，打断有"话题—评论、主—谓、动—宾"等。结合以上研究，本研究发现，在学术会议分组讨论中，学者通过打断建构了自己的专家身份。其中，讨论者和汇报者通过打断建构自我专家身份的总频次分别是 46 次和 22 次。

例 3-7

→1. 讨论者：一个是，就是你这里提到，⊥就是说，就是对这些现象进行解释，那么你的 framework 里面其实是没有 include，就是说这个，那你这个解释是以一种什么样的▲

→2. 汇报者：▼视角。

→3. 讨论者：对，视角，或者是理论框架，对它进行解释。因为这个解释，应该是你▲

→4. 汇报者：▼就是要有一定的理论基础，是吧？

5. 讨论者：对，比较重要的一个部分。

6. 汇报者：嗯，对。

该例中，汇报者在第 2 个话轮和第 4 个话轮对讨论者的第 1 个话轮和第 3 个话轮分别进行了打断，整体结构上属于 AB-AB（连续）型，局部位置上均属于中后[①]。两次打断话语和被打断话语之间是合作关系，第一次打断在内容上是补充，形式上是谓—宾；第二次打断在内容上是附和，

---

① 廖美珍（2015：50）对打断的位置作了一个大致界定，分为开头、中间靠前（中前）、正中间、中间靠后（中后）、结尾。就句法或者单个言语行为而言，打断的开头位置相当于或等于句子的主语或者话语的话题，抑或话语启动语；中间位置等于谓语或者评论语；结尾则一般是宾语、补语或者话语的语气词。所谓"正中间"位置，典型的情况是话语的主干谓词；"中前"和"中后"则是指环绕主干谓词周围的修饰语或者插入成分。

在形式上为动一宾。汇报者两次打断讨论者的原因是希望体现合作①，表明对讨论者所提到的"理论框架"这个概念的理解，说明她具备一定的学术知识，建构了自己的专家身份。

（六）解述

Garfinkel 和 Sacks（1986）认为："谈话参与者可能在说话过程中，把谈话的某一部分用来描述谈话本身，或者解释谈话，或者归纳一下谈话的特征，或者对话语作引申说明，或者对话语作一个翻译，或者对谈话作一个总结，或者提供谈话的要旨，或者提示谈话对规则的遵守和偏离。总而言之，谈话参与者可能在谈话的过程中利用机会对谈话进行 formulate 。"（转引自廖美珍，2006：1）② 本研究使用"解述"这一用语和采纳 Garfinkel 和 Sacks（1986）的界定，但提及以往研究时仍遵循原作者的表述。

Garfinkel 和 Sacks（1986）发现这种话语现象后，Heritage 和 Watson（1979）对此展开了深入研究。他们将解述的两大特点总结为归纳要旨（gists）和作结论（upshot）。归纳要旨主要是"澄清"，或者"显示理解"，或者"与目前为止的谈话相关"。作结论是将某种未予明说的要旨明说（Heritage & Watson，1979）。解述的序列结构为"解述一决定"（formulation-decision），"决定"由"认可"（confirmation）或"否定"（disconfirmation）组成，其中"认可"是优先结构（Heritage & Watson，1979：143）。

关于机构话语中解述现象的研究已经涉及法庭互动话语（廖美珍，2006）、心理治疗话语（胡文芝，2014）和学术语篇（任育新，2012）等。这些研究的内容包括解述的语用种类和语用功能、形式结构、命题

---

① 廖美珍（2015：47）基于格莱斯的会话合作原则的四个准则提出判断打断原因的标准：(a) Quant（量准则）表明信息不够或者过多；(b) Qua（质准则）表示话语不真实或者不可信；(c) Man（方式准则）表示话语含混不清或者啰嗦；(d) Re（关联准则）表示话语不相关；(e) Ref（重述）表示对对方的冗长或逻辑不清的话语作简洁明了的表达；(f) In（坚持）表示坚持话语权（话论）；(g) Co（合作）表示（急于）合作；(h) others（其他原因）。

② 针对这种话语现象的相关研究中，英文表述有"formulation"或"reformulation"，汉语表述有"回述"（于国栋，2009；袁周敏，2015a）、"重述"（任育新，2012）、"解述"（胡文芝，2014）。

结构及互动结构等。另外，也有一些研究讨论了解述和角色以及身份的关系，如法庭互动话语中解述与角色的关系（廖美珍，2006）、商业咨询顾问的解述和这些顾问建构专家身份之间的关系（袁周敏，2015）、说话人（或作者）身份对话语重述行为的影响（任育新，2012）。

本研究发现在学术会议分组讨论中，解述对于学者的身份建构起着重要作用。解述可以体现学者的学术能力，因为对一段话进行比较简洁和准确的归纳需要具备对当前话题的概括能力，这种概括能力体现了对话题的权威性解读。根据统计，在本研究收集的语料中，讨论者和汇报者通过解述建构专家身份的总频次分别是 38 次和 8 次。

例 3-8

1. 讨论者：我觉得你，你这个语料，⊥我是后面过来的，你的这个语料选取的范围，时间上是怎么界定的？
2. 汇报者：我这是近，近三年的，因为这涉及到那有，有一些历史性的差异，所以都是选的近三年的。
3. 讨论者：就是两边，中国和▲
4. 汇报者：▼对，对。
5. 讨论者：中外用的都是统一的近期的？
6. 汇报者：对。
7. 讨论者：其实我，我个人觉得，你刚才那个第二个疑问，有可能是，假如你做一个历史的，有可能有一些学者也提出来说，呃，国外的，英文的，它其实是，过去也是特别特别客观的，而且它的这个情感因素会比较少，而现在近些年【会来更多
8. 汇报者：是，是。】
9. 讨论者：它是与现在的 promotional，文化是有关系的。那我们中文却没有这样的一个明显的变化，也许是因为我们那个中外的，那个在文化上的差异，（..）那么西方人他会更加，就是说更加容易变化，文化决定了他，他是那个，就是一语境的文化里面，（..）他们的这个文化因素更容易会发生变化。那我们中国呢，可能以前就是特别客观，现在仍然特别客观，就是他比较容易少会发生，发生的变化会比较缓慢，所以可能是不是英文的这

种语料，他受到这个时代的影响【会更加的，变化会更加剧烈一点？

10. 汇报者：　　　　　　　　　　　　　　嗯，这个，这个】▲

11. 讨论者：　　　　　　　　　　　　　　　　　　　　　▼

所以可能有一点时代的因素在里面。

12. 汇报者：这个历史性的，我一直是感兴趣。那事实上，因为这个准备得比较仓促，我也没有去做得这么深入。然后这个汉语书评呢，我也收集，其实汉语，这个还是有变化。你看六七十年代的那些书评跟现在真的是非常不一样，而有一些政治性的，作者的一些政治性的身份，它会体现在里头。那我，(..) 我当时也只是大概地瞄了一眼，也没有把它作为具体的那个去统计一下，但是如果是真的去做一个历史性的分析，你会发现，其实相对于六七十年代来的这个学术语篇来说，现在的汉语语篇已经是，已经有了一定的这个人情味儿，或者说情感性的因素会 interpersonality，这种人际性的特征，好像比起以前，是要明显一点。(..) 但是没有英语里头，⊥英语学术语篇里面那么那个。

→13. 讨论者：没有变化得那么剧烈。

→14. 汇报者：啊，对对。谢谢，谢谢。

此例中，讨论者在第 13 个话轮对汇报者的第 12 个话轮进行了解述，在汇报者前述话轮的基础上做出明示：汉语学术语篇的历时变化没有英语学术语篇的剧烈。这种比较简洁和准确的明示表现出讨论者的学术能力，建构了他自己的权威专家身份。与此同时，汇报者通过回应表达[①]（“啊，对对。”）和讨论者不仅达成了共识，还建构了自己的专家身份，因为她的回应不仅仅是被动接受，而是赞成。

（七）社会称谓语的使用

称谓语在言语交际中可以标示互动参与者的关系、情感和身份。以

① 根据袁周敏（2015a：169）的译文，回应表达（reactive expressions）是听话人对说话人先发话语的一种评价性的、非词汇形式的发声信号或者出现在话轮起始阶段的独立的词（Deng，2008：311）。

往从语用视角开展的称谓语研究成果丰富，其中已经涉及称谓语和身份的关系问题。Levinson（1983）将称谓语归为人称指示语研究，考察了它在言语交际中的言外之力。柯贤兵（2013）进行了法庭调解称谓语礼貌博弈研究，指出运用礼貌称谓语是一种有效的法庭调解话语策略。何荷等（2015）认为网店店主通过称呼语主要建构了默认、变异和复合的关系身份。

相关研究在称谓语和称呼语的关系上存在较大分歧。这些分歧归纳起来主要有称谓语是称呼语，称谓语包括称呼语，称呼语包括称谓语，称谓语和称呼语完全不同，称谓语和称呼语部分重合、部分相离。本研究采纳称谓语是称呼语的观点，因为这个观点认为称谓语是人们为了亲属，或其他方面的相互关系，为了表示身份、职业、地位等的区别而使用的一些称呼[①]。换言之，称谓语是人们在交际中使用的称呼和名称，用来表明交际者之间的身份、地位和关系。

“根据使用者的相互关系，称谓语基本分为亲属称谓语和社会称谓语。社会称谓语指用于没有亲属关系的人的用语。”（李琼，2011：74）基于采集的语料，本研究主要参考曹炜（2005）对现代汉语称谓语的分类，将称谓语分为亲属称谓语和社会称谓语。其中，社会称谓语主要包括职称称谓语、职业称谓语、职务称谓语、身份及友邻关系称谓语、泛称（亲属泛称）称谓语等。

本研究发现，在学术会议分组讨论中，学者主要使用了社会称谓语（“教授”“学者”“专家”“院长”）建构专家身份，通过泛称称谓语建构研究者身份（见本章第四节），使用职业称谓语、身份及友邻关系称谓语建构教师身份（见本章第五节）。

例 3-9

1. 主持人 1：呃，any question?

2. 主持人 2：还有时间，可能下面的人没来。

→3. 主持人 1：对，对，下面有半个小时，我们可以多来讨论一下。还有前面的，结合那个前面×教授的那个，我们也可以都一起来讨论。

---

① 商务印书馆辞书研究中心．古今汉语词典［M］．北京：商务印书馆，2000：4772.

该例中，第一位主持人在第3个话轮使用了社会称谓语中的职称称谓语，其具体表现形式是“姓+职称名”（“×教授”）。职称是专业技术职务的名称[①]。在引发讨论的第3个话轮，第一位主持人称呼第二位主持人时使用了“教授”这个职称，既表达了对对方的尊重和敬仰，也表现出对对方学术地位和学术水平的认同，维护了对方专业能力强的素质面子（Spencer-Oatey，2008），构建了对方权威的专家身份。

第四节　研究者身份建构的话语实践

本研究发现在学术会议分组讨论中，学者不仅建构专家身份，还建构研究者身份。和研究者身份建构相关的话语内容有学术背景的了解、学术知识的欠缺、学术话题的关联和学科内容的对比。另外，话语形式方面表现为问话、寻求建议、人称指示语的使用和泛称称谓语的使用。

一、话语内容

（一）学术背景的了解

为了使自己的研究避免重复性和保持前瞻性，学者作为学术共同体的成员应该基本了解和掌握其他成员，尤其是自己所属学科领域内专家的学术发展动态。

例3-10

→1. 汇报者：……还有一个问题问这个×教授啊▲

2. 主持人：▼这个▲

→3. 汇报者：▼很短很短，几分钟马上就可以解决。就是你刚才提到，就是你曾经想过，也博士期间，也做这个研究，后来为什么（笑）没有？就是你刚才自己提到。

4. 讨论者：就是我当时没有做的原因很简单，就是因为我的research是funded by my supervisor，by the lab。然后这个lab当时它是有一个，就是我们要produce这个relevant to

① 中国社会科学院语言研究所词典编辑室．现代汉语词典［M］．北京：商务印书馆，2016：1682．

the grounds。所以呢，我就改了，但其实我自己对这个东西，就是说我一直是很感兴趣的，也一直在跟这一方面的研究……

该例中，汇报者在第 3 个话轮的问话涉及讨论者以往的研究兴趣和研究方向，说明她对对方的学术背景感到陌生。而通过汇报者在第 1 个话轮对讨论者使用的职称称谓语（"教授"）判断，讨论者是学术共同体内公认的权威专家。结合以上分析可以发现，汇报者对自己所属学科的专家和这位专家的学术背景缺乏了解，只是一名从事学术研究的新手。

（二）学术知识的欠缺

在个人的学术成长过程中，还处于发展阶段的学者可能会出现知识结构不够全面，知识体系也尚未完善的情况。

例 3-11

→1. 讨论者：…… 呃，再一个的话，你说到那个，（..）就是 in my opinion 这一类的词可能出现的频度比较少哈。然后，呃，英文的那个表达，因为我在想它会不会有一个，比如说汉语的这种学术规范，会不会存在一种，就是一种可能，就是从英文当中就是引进的，就是它的历史我不知道嘛，这个比较，我不太了解，它有没有可能就是说，是从西方的学术规范，然后就是，呃，对他们这个学术规范会有影响？但是呢，在英文当中，in my opinion，还有 personal speaking 这一类，它是一个，一个语块，（..）那么它是一个比较固定的表达。但在汉语当中，可能这个并不明显，所以它是不是会在这个，引进这个过程当中，那么在多大程度上吸收，它还是有一个，这个程度的问题。所以，这可能是我的一点点考虑吧，仅供参考。

2. 汇报者：好，谢谢，谢谢。

此例中，关于汉语对英语语块"in my opinion"的引进和吸收，讨论者通过"就是它的历史我不知道嘛"和"我不太了解"直接表达出自己对这方面知识的缺乏，承认自己不完整的知识结构和知识体系，建构了自己是外行的研究者身份。

（三）学术话题的关联

学术会议中，学者通过言语交际可以在会场内和会场外的一些要素之间建立联系。Ventola（1999）认为这些联系组成了一个"符号网"(semiotic spanning)。"符号网"是学术会议不可缺少的核心要素，它把会议开始前、会议进行中和会议结束后的各种相关事件或人物联系了起来（Konzett，2012）。本研究发现，在分组讨论中学者主要通过"符号网"建立起相关话题之间的关联，建构了作为参会成员的研究者身份。

例 3-12

1. 讨论者：就是他这种身份的变化是不是跟他，比方说，(..）像你说的跟参加这种学术会议有关？还有就是⊥是不是根据他所掌握的资料有关？以及▲

2. 汇报者： ▼这些可能影响的因素是蛮多的，就包括有社会、文化，包括他自我的认知，这个▲

→3. 讨论者： ▼比方刚刚那位老师说的自身的语言水平的问题。

4. 汇报者：对，这个影响因素确实是蛮多的。然后，就比如说我们大概举一下例子，比如说社会因素的话，（..）我们，就包括他所属的整个的 academic study，那么包括对于引文的规范性的要求啊，包括导师和他的之间的这种互动啊，然后再包括他本学科对于引用的一些规范，一些范式的影响。再比如说文化，当然我们这个儒家文化会不会比较谦虚？会比较（…）mild，对吧？像这些也会影响。包括他本人对于引用的认知，还有包括他之前所接受的这些培训等等，这个都会有影响……

该例中，讨论者和汇报者讨论了影响受试者身份变化的影响因素。其中，讨论者提及汇报者和另一位讨论者已经探讨过的话题，即受试者的语言水平问题（第 3 个话轮）。另外，讨论者还将这个话题和当前正在进行的话题关联起来，指出受试者的语言水平也是影响其身份变化的因素（第 1 个话轮和第 3 个话轮）。本研究认为，参加学术会议的学者组成了一个学术共同体。该例中的讨论者不仅提到共同体内的第三方（另一位讨论者），使用了会场内的"符号网"，还表现出对第三方（另一位讨论者）学术观点的认同，建构了自我和对方都是参会成员的研究者身份。

（四）学科内容的对比

学术会议的分组讨论往往涉及不同学科的研究领域。在对比和比较这些研究的过程中，学者可以建构作为学科成员的研究者身份。

例 3-13

→讨论者：…… 你看我的论文，因为我的 subjects 全是大学生，最后发现他们语言水平跟语用能力不是成比例的，不成正比的，不说语用水平。但是看那些研究 second language 的，就是说他们研究发现，语言水平越高呢，语用能力越强……

该例中，针对语言水平和语用能力的关系问题，讨论者对比了自己的研究和二语研究者的研究。但此处作为比较对象的二语研究者不是特指某一位个体，而是泛指从事这门学科研究的学者，强调的是他们作为学科成员的研究者身份。

二、话语形式

(一) 问话

在学术会议分组讨论中，学者会实施寻求信息的问话行为。通过这种问话，他们可以建构自己是新手的研究者身份。

例 3-14

→1. 汇报者：我现在其实说，看再怎么样找到那个，比如说我换一个角度，我这样想，因为现在选择的大学生，他不管水平在哪个组，他已经学了很多年外语了，比如说有没有这种可能？比如说小学三年级，至少六年级他们已经开始学习英文，比如说能不能选四年级、五年级或者六年级的学生？看这个▲

→2. 讨论者：▼这个有问题。这个我告诉你，我导师做过两次这个。做一个小学，做一个中学，他发现了你做的时候你是用 WTCT，你到小学根本用不了，他不知道怎么写。

3. 汇报者：对，所以看这个语料怎么收集。

→4. 讨论者：所以这个怎么收集呢，我告诉你，我导师就用图片。

5. 汇报者：哦，用图片。

→6. 讨论者：给一个情景，然后让他们用嘴巴去说，说了去 transcribe。所以你用 WTCT 是肯定不行的，要看你的研究方法。

该例中，对于自己的研究设计，汇报者在第1个话轮使用了两个正反问话（“……比如说有没有这种可能?”和“……比如说能不能选四年级、五年级或者六年级的学生?”)，目的是和讨论者探讨是否可以改变研究对象的问题。基于言语行为理论，这两个正反问话属于寻求信息的话语行为。正反问话支配力的大小处在由各种问话形成的连续体的中间(廖美珍，2003)。结合以上两点判断，汇报者通过使用正反问话建构了自己是新手的研究者身份。针对汇报者问话的疑问点，讨论者在接下来的话轮中使用了“扩展性否定答话”（胡文芝，2014：103)，建构了自己权威的专家身份。具体来说，对于汇报者原有的研究设计，讨论者不仅否定了更换研究对象的可能（“这个有问题”)，还给出了之所以不可能的理由（“……他不知道怎么写”)，并提出了调整语料收集方法的建议（第4个话轮和第6个话轮)。

（二）寻求建议

建议是一种指令类言语行为，因为它的目的在于影响他人行为。“寻求建议也是一种指令性言语行为，因为它是让他者对你‘给予’。”(Tracy et al.，2013：91）建议和寻求建议都是为了解决问题从而给出专业性意见，为了做出决定进而提供新的视角，为了说明选择以便提供帮助。在学术会议的分组讨论中，当学者向他（她）的交际对象或者交际第三方征求建议时，他（她）也建构了自己是新手的研究者身份。

例3-15

→汇报者：××老师，你觉得其实我除了，对第三方，这个，就是大家的反应，日本、中国、第三方，还有什么方面，觉得这个研究再完善一下？给提点宝贵建议咯。

该例中，汇报者实施了两次寻求建议的言语行为。第一次实施的是间接言语行为，使用了支配力最小的宽式特指问话（廖美珍，2003)，回答者自由表述度比较大，答话通常所含的信息量比较大（“××老师，……还有什么方面，觉得这个研究再完善一下?”)。第二次汇报者实施了直接言语行为，使用的是祈使句（“给提点宝贵建议咯”)。由此可见，汇报者非常迫切地希望她的交际对象（“××老师”）可以对她的研究给予意见和提供帮助。与此同时，她本人在这个过程中也建构了自己是新手的研究者身份。

（三）人称指示语的使用

“指示指的是在言语活动中，尤其是在有一名说话人和至少一名听话人参与的这种典型的语言交际活动中，对参与者所谈及的人物、事物、事件、过程和活动等作出确切的理解都必须把它们和某些语境的构成要素（如交际的时间、空间等）联系起来这一现象。”（何兆熊，1999：56）以往的机构话语研究考察了人称代词对身份的建构功能。李成团（2010）以语言顺应论和适应论为理论基础，通过分析访谈辩论等语料，探讨了会话者变换与调整指示语（indexicality）进行视点定位和个人身份的建构。夏丹等（2012b）指出人称指示语变异是身份建构的一种重要途径，在民事审判话语中参与了权益身份、情感伦理身份、权势身份和机构身份的建构。袁周敏（2015）发现商业咨询顾问通过使用指示语建构了同伴身份。另外，还有一些研究聚焦学术口语中人称代词的使用和身份建构的关系（孙咏梅，2013；任育新，2016）。孙咏梅（2013）以社会身份理论为依据，发现在研究生论文汇报中，研究生导师组通过使用“我们”主要建构了“把关者”和“评价者”这两种集体身份。她认为这些身份的建构和机构话语的目的性有关，也和不同导师在这个过程中所扮演的角色有关。任育新（2016）考察了在博士论文开题报告会上，专家委员会成员使用第一人称代词、第二人称代词和第三人称代词建构的多种语用身份。本研究发现，在学术会议分组讨论中，学者主要通过使用第一人称“我们”建构了作为学科成员或者参会成员的同行研究者身份。其中，作为学科成员的研究者身份总频次是232次，作为参会成员的研究者身份总频次是94次①。

例 3-16

→1. 主持人1：这里引发很多思考，其实是一个，⊥是对今天下午所有 presentation 的总体讨论，也给我们提出很多的一些思路，还有未来发展的一些趋势。那么我们今天谢谢××老师，谢谢。（掌声）

→2. 主持人2：最后的问题不是针对××老师啊，是我们整个方向的。

→3. 主持人1：对。OK，好，今天我们就到此为止。

① 需要说明的是，本研究借鉴任育新（2016）对人称指示语的统计，对由口头话语特征引发的相邻重复出现的人称指示语不做重复统计。

该例中，第一位主持人在第1个话轮和第3个话轮共三次使用第一人称代词(“我们”）指称学术会议分组讨论的所有参与者，有利于提高话语的亲和力，建构了彼此作为参会成员的研究者身份。第二位主持人在第2个话轮使用第一人称代词(“我们”）指称从事某一个研究方向的学者群体，将“××老师”视为这个群体的成员，把她研究中遇到的问题作为整个群体需要共同面对的问题。通过强调他们的共同参与和合作，第二位主持人维护了汇报者学术能力的素质面子（Spencer-Oatey，2007：14)，建构了自己、汇报者和他人作为学科成员的研究者身份。

（四）泛称称谓语的使用

相关研究将泛称称谓语（曹炜，2005）也称为拟亲属称谓语（潘攀，1998；张希玲，2007；王颖冲，2009)。“人们往往比照亲属之间的年龄、辈分等特点，借用亲属称谓语来称呼对方，这种模拟亲属关系来称呼非亲属人员的称谓语”是拟亲属称谓语（张希玲，2007：141)。对于亲属称谓语在汉语中的这种泛化现象，潘攀（1998：34-35）归纳了16种拟亲属称谓语：“（～）爷、（～）奶奶、（～）伯、（～）叔、（～）伯母、(～）妈、(～）娘、（～）婶（儿)、（～）姨、（～）哥/兄、（～）嫂、(～）姐、(～）兄弟、(～）弟、(～）妹和（～）姑娘。”拟亲属称谓语已经被广泛应用于三种人群：邻里、同事、同学等自然关系状态的人群，官民、主仆、师徒一类具有一定隶属关系的人群，干亲、结义、朋友等一类近于亲情关系的人群（张希玲，2007)。以往研究已经探讨了汉语拟亲属称谓语的社会意义和文化内涵（张希玲，2007)、语用意义和语用功能（王颖冲，2009)。本研究发现，在学术会议的分组讨论中，学者通过使用“师兄师姐”“师姐”“学姐”的泛称称谓语建构了作为学科成员的研究者身份。

例3-17

……

→讨论者：就是因为这个商务会议话语的话，这个我的<u>师姐</u>，她已经毕业了，她做商务谈判话语研究……

拟亲属称谓语可以用来反映传统社会中的师徒关系。在这种关系中，学徒之间会用“师兄”“师弟”“师姐”“师妹”等称呼彼此。比如，通过使用“师姐”的泛称称谓语，该例中的讨论者建构了她所提到的第三方作为学科成员的研究者身份。

第五节　教师身份建构的话语实践

除了专家身份和研究者身份，参加学术会议分组讨论的学者还建构了教师身份。这种身份在话语内容上可以体现为学术问题的通俗化和学术方法的指导，在话语形式上可以表现为问话和社会称谓语的使用。

一、话语内容

（一）学术问题的通俗化

在学术会议的分组讨论中，学者可能会交流某些比较专业或者抽象的问题。为了在有限的时间内能够清楚描述和诠释这些问题，说话人可以采取尽可能深入浅出的方式使学术问题通俗化，进而在表达重要观点的同时也建构自我的教师身份。

例 3-18

→1. 讨论者：所以我很赞成刚才那位老师提的，大概就是一些常识性问题……就是一定要具体化。比如说简短说，大家说要及时复习，爱宾豪斯就弄了一个曲线，明确告诉你 1-9 小时复习事半功倍，这是一个具体的。具体化比较有效，不然你就得出没有区别的特征结论。（…）就像刚才那位老师说的，（..）大家就怀疑，这是常识性的，我们不研究也知道啊，怎么判断我们研究结论有没有意义？就要问 so what，你自己读一下你的研究结论，如果你不研究也能得出这个结论，就要想想，这是我个人……

→2. 汇报者：谢谢老师。

该例中，讨论者在第 1 个话轮向汇报者强调了学术研究的结论应该具体化和突出区别性特征的问题。为了让汇报者在比较短的讨论时间内能够理解“常识性”和“区别性”这两个抽象的概念，对“具体化”进行了准确分析，讨论者通过举例的方式，解释如何将“要及时复习”这个常识性的知识转换为区别性的研究结论。在这个过程中，讨论者不仅使学术问题浅显易懂，还建构了自己的教师身份。根据汇报者在第 2 个话轮实施的感谢言语行为（“谢谢老师”）来判断，汇报者也对讨论者建构的教师身份表示了认同。

(二) 学术方法的指导

在学术会议的分组讨论中，学者可能会提到自己的日常教学工作，比如，承担一定的专业课程、带领学生参加学术会议、指导学生学术期刊论文的发表等。通过讨论相关内容，学者建构了自己的教师身份。

例 3-19

→讨论者：……我经常有一个捷径（..）对我的硕士生讲，说你要做这个论文，你一定要找到两三篇跟你的想法，觉得他好像做了我想做的事，实际上应该想在你前面嘛，对不对？（…）找到这个东西，那么别人的方法，别人的提出的问题，怎么解决问题的路径，都已经摆在那里。在这个基础上，我去寻找一个跟他有所不同侧重，那是硕士阶段，那就是进入到这种学术圈子里头，怎么去做学问……

该例中，讨论者描述了自己作为硕士生导师指导学生论文撰写的过程。在介绍学术写作经验的同时，讨论者也建构了自己的教师身份。

二、话语形式

(一) 启发式提问

对于教师而言，启发式提问有助于简便而有效地组织课堂教学。它“简单说就是揭示了事物的客观矛盾，能够引起学生积极地主动地思考学习，从而获得‘举一反三’成效的提问”（鹏明，1990：44）。在学术会议的分组讨论中，学者有时候也会使用启发式提问。这种提问没有预示答案，也没有已知的答案，回答通常不能仅仅依据是非判断。通过这种引发深入思考的提问，学者可以建构自己的教师身份。在本研究收集的语料中，讨论者使用启发式提问建构自我教师身份的总频次达 26 次。

例 3-20

→1. 讨论者：……呃，我觉得那个，去追求，这个，就是去探索这个，宣传片里的一些这个，修辞方面的一些原则，我觉得蛮有意思的。（…）我想问一个问题就是，你在谈到就是道德，道德这个原则在这个，在它叙述中间是一个比较重要的原则。那么道德，在道德的具体，问题是具体是什么样的道德？比如说这个诚信或者是享受这个和谐，还是其他什么道德？（..）那么我首先想问问你，就是你把它看下来以后，就是在这个道德，这个大的层面，大的这个框架里头，哪些具体的这个道德，在这个宣传片里反映得比较强烈？刚才你好像谈到一个什么诚信啊，什么人物的情感，我就想听听你，就是看下来以后哪些道德在这个宣传片里体现得比较强？

2. 汇报者：这个宣传片的话都是普通人物，普通大众，然后他们，比较鲜明的形象，就是通过自己的劳动，然后创造。

3. 讨论者：哦，勤劳，是一种道德，是吧？吃饭，他比如说这个讲，吃饭在一起主要是讲人情的这个连接，对吧？

4. 汇报者：对，对。然后就是父母对孩子的这种爱。

5. 讨论者：OK。

6. 汇报者：还有就是家庭的团聚的这种方式。

7. 讨论者：那么这个▲

8. 汇报者：　　　　　▼还有相处。

该例中，对于讨论者和汇报者正在讨论的宣传片，讨论者连续使用了四个寻求信息的问话（Pan，2013），疑问点是宣传片中体现出的比较典型的道德方面（第1个话轮）。第一个问话属于宽式特指问话（“……什么样……?”）（廖美珍，2003），第二个问话（“……什么……?”）虽然和第一个问话类型相同，但在该问话的前半部分，讨论者通过举例对汇报者进行指导（“比如说这个诚信或者是享受这个和谐……”）。第三个问话（“……哪些……?”）同样属于宽式特指问话，但在该问话的疑问点出现之前，讨论者又一次启发汇报者（“……就是在这个道德，这个大的层面，大的这个框架里头……”）。第四个问话（“……哪些”……?）仍然属于宽式特指问话，同样在该问话疑问点的前面，讨论者结合汇报者的汇报内容第三次对汇报者给予引导（“刚才你好像谈到一个什么诚信啊，什么人物的情感……?”）。这四个宽式特指问话虽然基本上问话类型相同，但相比第一个问话，后续三个问话更具有启发性，而且后续的这三个问话选取了不同的角度对汇报者进行指引。通过这一系列的启发式问话，讨论者建构了自己的教师身份。

（二）明知故问

Murphy和Dillon（2003：107-111）指出，问话是一种采集信息、深

化讨论、拓宽焦点的最可靠、最有效的手段。在学术会议的分组讨论中，学者有时候使用有疑问话不仅仅是为了寻求信息，更是为了在得到确认或者不被确认后，进一步推动当前讨论，丰富谈话内容，启迪其他的讨论参与者。通过这种特殊的问话学者也建构了自己的教师身份。根据统计，在本研究的语料中，讨论者和汇报者通过明知故问建构教师身份的总频次分别是 2 次和 28 次。

例 3-21

→1. 讨论者：…… 这个道德和前面讲这个 {……}，就是它比较讲究理性的，(..) 这两者之间有没有什么关系？还是哪个更重要，道德更重要，这个理性的东西次要，在你的感觉上看下来以后？

2. 汇报者：道德。

→3. 讨论者：道德更重要，我觉得你的这个说法肯定是对的，因为中华文化，它更加讲究这种情，道德。

4. 汇报者：对。

5. 讨论者：好的，谢谢。

该例中，讨论者在第 1 个话轮连续使用了两个寻求信息的问话 (Pan, 2013)。第一个问话属于正反问话（“……有没有……？”），第二个问话属于选择问话（“还是哪个更重要，道德更重要，这个理性的东西次要……？”）。正反问话和选择问话支配力的大小基本没有明显区别（廖美珍，2003）。通过这两个有疑问话，讨论者向汇报者索求信息，而针对关于道德是否更重要的回答，讨论者其实已经做出一种合理的推测。在进行确认后（“我觉得你的这个说法肯定是对的”），讨论者将谈话内容扩展到中华文化对道德的重视，引发其他的讨论参与者对中华文化的思考。综上所述，讨论者通过这种明明知晓却故意询问的问话方式建构了自己的教师身份。

（三）社会称谓语的使用

在学术会议的分组讨论中，学者使用社会称谓语建构了专家身份（见本章第三节），通过泛称称谓语建构了研究者身份（见本章第四节）。除此之外，学者还通过职业称谓语、身份及友邻关系称谓语建构了教师身份，比如“同学（们）”“硕士生”和“学生”。在社会称谓语中，“老师”是职业称谓语，而职业是个人在社会中所从事的作为主要生活来源的工作[①]。“同学（们）”“硕士生”和“学生”是身份及友邻关系称谓语[②]，其中，“硕士生”和“学生”属于学衔、学历系列，而学位是根据专业学术水平由高等院校、科研机构等授予的称号[③]。“同学”属于友邻系列。

例 3-22

→讨论者：我有一个问题，其实也不光是问××，其实也想请教×老师。……

该例中，讨论者使用了职业称谓语，具体为“姓＋职业名”这种形式（“×老师”）。通过使用“老师”这一职业名，讨论者表达了对自己交际对象的尊敬，对对方职业的认同，从而建构了对方的教师身份。

第六节　小结

基于会话分析的成员归类机制，本章借鉴以往研究对身份的分类，界定了学术会议分组讨论中学者的身份种类。然后，结合多重身份的话语实践类型探讨了学者身份建构的可选择性，旨在从身份建构的可选择性论证身份建构的动态性。具体来说，学者身份建构的可选择性反映在三个方面：专家身份的建构及其话语实践类型、研究者身份的建构及其话语实践类型、教师身份的建构及其话语实践类型。结果发现：

①在学术会议的分组讨论中，学者建构了专家身份。研究发现，建构专家身份的话语内容有对专业词汇的解释和对研究局限的预知。对于话语形式而言，主要有陈述性的断言、建议、评价、责备、打断、解述、社会称谓语的使用。其中，社会称谓语包含“学者”“教授”和“专家”，它们的总频次分别是 30 次、18 次和 4 次。

②在学术会议的分组讨论中，学者建构了研究者身份。研究发现，

① 中国社会科学院语言研究所词典编辑室．现代汉语词典［M］．北京：商务印书馆，2016：1683．

② 曹炜（2005：65）使用“身份及友邻关系称谓语”是为了“将职业称谓语、职称称谓语、职务称谓语等无法涵盖而又不属于泛称称谓语的社会称谓语统统包容在其中，而实际上职业、职称、职务又何尝不是一种身份”。

③ 中国社会科学院语言研究所词典编辑室．现代汉语词典［M］．北京：商务印书馆，2016：1489．

建构研究者身份的话语内容涉及对学术背景的了解、学术知识的欠缺、学术话题的关联和学科内容的对比。对于话语形式而言，主要有问话和寻求建议的言语行为，人称指示语和泛称称谓语的使用。其中，人称指示语包括“我们”“她/他们”和“你们”，它们的总频次分别为 326 次、28 次和 8 次；泛称称谓语包括“师姐”“师兄师姐”和“学姐”。

③在学术会议的分组讨论中，学者建构了教师身份。研究发现，建构教师身份的话语内容有学术问题的通俗化和学术方法的指导。对于话语形式而言，主要有问话（启发式问话和明知故问）以及社会称谓语的使用。其中，社会称谓语包括职业称谓语(“老师”）和身份及友邻关系称谓语[“同学（们)”“硕士生”和“学生”]。“老师”“学生”“同学（们)”和“硕士生”的总频次分别是 92 次、52 次、10 次和 6 次。

第四章　身份建构的可变性

第三章探讨了学者身份建构的可选择性。首先，在学术会议的分组讨论中学者建构的身份主要分为专家身份、研究者身份和教师身份。接着，重点考察了学者在建构这些身份时所使用的话语实践类型。本章通过论证身份建构的可变性进一步来说明身份建构的动态性。这种可变性不仅体现为多重身份在会话局部结构内的转换和变化，还表现为不同身份类型在会话整体结构中的不同分布。最后，对本章进行小结。

第一节　学术会议分组讨论的会话结构

这部分主要考察学术会议分组讨论的会话结构。本研究认为，局部结构包括会话启动序列、问题询问和回答序列、问题协商序列、会话结束序列。其中，会话启动序列对应整体结构中的会话的开端；问题询问和回答序列、问题协商序列对应整体结构中的问题解决阶段；会话结束序列对应整体结构中的会话的结尾。所以，学术会议分组讨论的会话整体结构可以划分为三个阶段：会话的开端、问题解决阶段、会话的结尾。

一、学术会议分组讨论的局部结构

任何一个完整的会话都由开端（opening）、本体（body）和结尾（closing）三个部分构成（何兆熊，1999）。对于会话的开端，Schegloff（2003）发现"召唤—回答"系列（summons-answer sequence）；对于会话的结尾，Schegloff 和 Sacks（1973，转引自 Coulthard，2014：86）认为包括结束系列（closing sequence）、前置结束系列（preclosing sequence）和话题界限系列（topic bounding sequence）。

关于机构话语序列结构的研究已经有 Sinclair 和 Coulthard（1975）、Zimmerman（1992）、胡文芝（2014）和袁周敏（2015）等。基于 Halliday 的系统语法阶层观，Sinclair 和 Coulthard（1975）通过研究课堂师生话语提出一个由五个等级构成的会话结构描述框架：授课（lesson）、交往（transaction）、对应（exchange）、举动（move）和行为（act）[①]。其中，授课是最高级别单位，行为是最小级别单位，行为构成举动，举动构成对应，对应构成交往，交往构成授课。该模式将对应确定为会话结构研究的重点。对于紧急求助电话这类机构话语的整体结构，Zimmerman（1992）认为它包括对话预示（pre-beginning）、对话开始/相互认识/表示认可（opening/identification/acknowledgement）、提出请求（request）、问询系列（interrogative series）、问询应答（response）、结束语（closing）。

在以汉语为研究对象的机构话语分析中，胡文芝（2014）将心理治疗话语分为六个层级：心理治疗会谈（psychotherapeutic interview）、交往（transaction）、系列（sequence）、对应（exchange）、举动（move）和行为（act）。袁周敏（2015）提出完整的医药咨询会话的整体结构可以分为以下几个阶段：问候确认序列、问题启动序列、问题表述序列、问题商讨序列、建议给予序列、药品问询序列和会话结束序列。

基于以上研究成果和 Ventola（2002）对学术会议分组讨论的考察（见第一章第二节），结合采集的语料，本研究发现分组讨论的会话的整体结构可以划分为四个序列：会话启动序列、问题询问和回答序列、问题协商序列、会话结束序列。以下为详细说明和具体实例。

（一）会话启动序列

根据学术会议的交际规范，分组讨论通常由其主持人启动讨论机制。在引发参与者互动之前，主持人有时会对汇报者的研究陈述进行总结或者做出评价，实施陈述性的断言或评价。在引发参会者互动时，主持人采用的话语形式主要为问话。

例 4-1

→1. 主持人：好的，就是负面性的评价，书评里面的。<u>好，大家有没有什么问题</u>？

① 此处译文来自胡文芝（2014）的翻译。

2. 讨论者：我倒是，不一定有问题哈，就是你刚才提出的那三个疑问，我有一些自己的想法。

3. 汇报者：嗯。

此例中，主持人在第1个话轮使用了正反问话（“好，大家有没有什么问题?”）。正反问话的支配力属于中度（廖美珍，2003）。通过实施这种询问的言语行为，主持人启动分组讨论，引发参与者互动，限定下一步会话活动，但是没有指定下一位说话人。此时，一位参加这场分组讨论的学者自己争取到下一个话轮的话语权，他在当前言语活动中的话语角色也成为讨论者（第2个话轮）。

另外一种情况是主持人不仅限制了下一步的会话活动，还通过指名来选定下一位说话人。

例 4-2

→主持人：各位老师看有没有什么问题或者是建议？××老师？

……

此例中，主持人依次使用了正反问话（“各位老师看有没有什么问题或者是建议?”）和陈述问话（“××老师?”）。正反问话和陈述问话支配力的大小从弱到强（廖美珍，2003）。通过正反问话主持人可以指定接下来的话语类型，而通过陈述问话主持人选定了下一位说话人，使这位说话人获得了话语权。

还有一种在语料中出现但比较少见的情况是两位主持人之间完成会话启动。

例 4-3

→1. 主持人1：比较全面地对语言语用，⊥对 Halliday 进行一个调整之后，有一个比较全面的分析。大家现在看看有没有什么问题？

→2. 主持人2：对自己，引发讨论。

3. 主持人1：引发讨论，OK。

在这个例子的第1个话轮，第一位主持人首先对汇报者的研究陈述实施评价的言语行为，做出了积极的评价。接着这位主持人使用正反问话指定下一步的会话活动（“大家现在看看有没有什么问题?”），但没有选定下一位说话人。在转换关联位置，第二位主持人自己争取到第2个话轮的话语权，并通过使用这个话语权指定第一位主持人为下一位说话人。随后第一位主持人接受了第二位主持人的指定，会话启动至此完成(第 3 个话轮)。

（二）问题询问和回答序列

针对汇报者的研究陈述，参加学术会议的学者在分组讨论中主要通过使用不同类型的问话来实施询问的言语行为。汇报者根据问话的命题内容和句法特征给予回答。所以，问话和答话构成了问答序列。

例 4-4

→1. 讨论者：你那个，第一个啊，第一个理论框架是怎么建立的？我看了前面很多啊，就是个性啊，各方面的。

2. 汇报者：主要就是个人的一些性质，personal attributes or characteristics 这样一些角度，选一些来界定一下。

3. 讨论者：我看那也好多。

4. 汇报者：对，它是比较多，但有的东西是用不上，比如说身体特征、语言特征，都是没有办法使用的。

此例中，讨论者在第 1 个话轮对于汇报者的研究陈述实施了询问的言语行为，使用的是宽式特指问话（“……第一个理论框架是怎么建立的?”）。从支配力的大小来说，宽式特指问话最弱（廖美珍，2003）。对此，汇报者在第 2 个话轮选择了全息式应答（黄萍，2014）来进行会话合作，讨论者也得到了“期待的”反应（何兆熊，1999：314）。至此，这个问答相邻对构成前置系列①（第 1 个话轮和第 2 个话轮），和下一个相邻对（第 3 个话轮和第 4 个话轮）完全分开，但整体组成问题询问和回答序列。

（三）问题协商序列

Kong（2014：221）指出，“一场会议的讨论部分可以被看成是围绕着解决问题的一系列的协商，讨论的对象就是问题，讨论的内容或者做出的决定就是解决方案”。因此，会议讨论部分的特点有：①寻求开放式的答案是协商的关键；②协商具有双向性；③协商是 Searle（1976）提到

---

① 为了避免自己的期待受挫而造成心理上的不满足，以及避免可能出现的某种窘迫局面，在实施某些行为之前，说话人往往先要对实施某一行为的条件存在与否作一下探测，在得到对方的确认后，他才进而实施这一行为，这种为探测条件而进行的对话构成了一种特殊的相邻对，它被称为“前置系列”(pre-sequence)（何兆熊，1999：316）。

的所有言语行为最丰富的组合（Kong，2014：219）。根据这些特点，本研究认为，问题协商主要强调开放性、双向性和丰富性。所以，单纯的寻求信息的问话及其答话在本研究中没有归入问题协商序列，其原因在于：①对于这种类型的问答，问话者在提问的同时也控制话题，希望回答者提供他们所需要的信息。所以，答话的命题内容和句法特征在一定程度上受到问话的支配，答话通常没有表现为开放式。②答话者一般自己不主动提问，尤其较少使用引发话题的问话。他们大部分时候只是针对问话给予回答，偶尔可能通过问话做出澄清或者进行确认。从这个意义上来说，问答双方的双向性较弱。③结合本研究的语料可以发现，协商不仅是不同言语行为的组合，也是一些会话组织特征的集中体现，而问题询问和回答序列仅涉及问话和答话的言语行为。以下为问题协商序列的详细说明和具体实例。

在学术会议的分组讨论中，学者有时会选择先使用寻求信息的问话(Pan，2013)，再实施建议的言语行为。这时，有疑问话（黄萍，2014）构成了建议这种言语行为的前置系列。

例 4-5

→1. 讨论者：……首先这个是不是主要研究的是中国学生用英语写作？

→2. 汇报者：对。

→3. 讨论者：所以是不是应该把它界定一下？因为中国学术写作的话，其实听起来有可能用汉语写作，也可能用英语写作。

→4. 汇报者：对，对。

→5. 讨论者：就是把它定义一下……

此例中，讨论者在第 1 个话轮使用了寻求信息的问话（“首先这个是不是主要研究的是中国学生用英语写作?”）。在得到汇报者的简单肯定答话[①]（“对。”）后（第 2 个话轮），讨论者在第 3 个话轮才通过正反问话（“所以是不是应该把它界定一下?”）实施了建议并给出理由。问话和答

① 简单答话分为简单肯定答话和简单否定答话，意指答话人对问话做出的简单的肯定或否定回答，常见的语词有“对/不对、是/不是”等以及对问话中的部分语词的重复（胡文芝，2014：101）。

话构成一个前置系列，这个系列成为讨论者实施建议的基础。汇报者对讨论者的建议再次通过简单肯定答话（“对，对。”）表示赞同（第 4 个话轮）。讨论者随即在第 5 个话轮再次实施了建议（“就是把它定义一下。”），但句法上使用的是表达个人观点的陈述句而不是之前的正反问句。所以，对于整个问题协商序列而言，寻求信息的问话和答话是实施建议这种言语行为的基础。

以上实例中问话和答话组成了实施建议的前置系列。除此之外，问话和答话还可以是进行评价的前提。

例 4-6

→1. 汇报者：……然后我很感兴趣的一个话题也就是说，就是这中间的一个，呃，我们一直在讨论 main stream 和 minor 或者 minor 和 major，其实这还是一种二元对立的方式来看这个东西。但有没有一个，⊥就是一个，抛开我们这些在后结构主义之间谈的抵抗啊，对抗啊，就是有没有一个所谓的中间地带或者说有一个中间物？但是这个是我一直没有想清楚的。

→2. 主持人：我觉得，那个，汇报者老师这个角度，挺有意思的。

3. 讨论者：嗯，{……} 就是少数民族的（笑）。

→4. 主持人：嗯，少数民族。这也就是，⊥就是她刚才说的，以少然后来凸显那个，这是挺好。……

该例中，汇报者使用正反问话（“……就是有没有一个所谓的中间地带或者说有一个中间物?”）实施了询问的言语行为，表达了自己内心的困惑（第 1 个话轮）。针对她的问话，主持人和讨论者均给出回答。但是，主持人在第 2 个话轮没有针对汇报者问话的疑问点（黄萍，2014），而只是实施了评价的言语行为（“……挺有意思的”）。接着讨论者在第 3 个话轮的回答属于扩展性答话（胡文芝，2014），主持人对此表示了认同，并对汇报者在第 1 个话轮的汇报内容再次做出积极的评价（“……这是挺好”）。因此，积极评价的前提是实施了询问的言语行为。

以上实例说明问题协商序列通常包括不同言语行为的组合。不仅如此，该序列还可能涉及不同言语行为和一些会话组织特征的组合，比如打断和解述等。

例 4-7

……

→1. 讨论者：那就现在，就是说很多的语用策略是很多人没有说过的。我们说 polite 和 impolite 没有人规定，你就这样去做的，是吧？

→2. 主持人：对。

→3. 讨论者：你觉得你直接就是 impolite 还是间接就是 polite，这很难说。？

→4. 主持人：对。

→5. 讨论者：对吧？所以我觉得是不是与这个 context，▲

6. 主持人：▼有关系，就是说因为 impoliteness 是个 evaluation。比如说，在这种情况之下，如果我们×博士打断我，说时间到了，我们下一个，那我不认为她是 impoliteness，是吧？（..）因为这种环境决定的就是说她有中国的这个，按照规则来做，那么我们应该是遵守规则。所以，不一定是所有的打断，或者是这个中断，都是 impoliteness。

该例中，讨论者在第 1 个话轮使用了附加问话（“……是吧?”）。附加问话的支配力最强（廖美珍，2003）。讨论者使用这种附加问话主要是为了寻求确认（Hudson，1975：24-29）。主持人在当前话语活动中的话语角色已经转换为讨论者，因为他在第 2 个话轮对讨论者的问话给予了“简单肯定答话”（“对。”）（胡文芝，2014：101）。在此基础上，讨论者接着实施了似问话又不像问话的言语行为，主要目的是促成相互理解(第 3 个话轮)。主持人随即再次给出肯定回应（“对”）。最后，讨论者欲通过正反问话（“……是不是……,”）来实施询问的言语行为（第 5 个话轮）。但是，主持人在讨论者该话语的中间位置进行了合作性打断，内容上表现为“话题一致”，形式上体现为“主一谓”（廖美珍，2004a，2004b，2009a，2009c，2013，2015）。总之，该问题协商部分一共有三个相邻对，依次是第 1 个话轮和第 2 个话轮、第 3 个话轮和第 4 个话轮、第 5 个话轮和第 6 个话轮。其中，第一个相邻对构成第二个相邻对的前置系列，然后第一个相邻对和第二个相邻对又一起构成了第三个相邻对的前提。综上所述，这个问题协商序列涉及问答言语行为和话语的打断。

除了以上问答言语行为和打断的组合，学术会议分组讨论的问题协商序列还涉及多种言语行为和会话组织特征。

例 4-8

→1. 讨论者：……我有个问题啊，因为，这么说，你这个作家或者是反映的这个主题是 minority，对不对？

2. 汇报者：嗯。

→3. 讨论者：然后，你这个 minority 始终是跟 main stream culture，main stream literature 相对而言？

4. 汇报者：嗯。

→5. 讨论者：有时候我觉得，也就是刚才，这个××老师、×老师说的，他们有获奖，你甚至一度也取得了非常重要的文学地位。但是这个，这个，我觉得它不能撼动他们那种 main stream literature，它的这种 main stream 的地位。

→6. 主持人：只能是插曲。

→7. 讨论者：对。就像一个人，就像，一个人吃惯了，老是吃惯了西餐，然后他要尝一下中餐，或者怎么样的，就不能说他吃中餐的，就说他就成为这个什么呀，这个，这个中国人啊，或者是，他这个以后就经常吃中餐了。嗯，(..)就是我的这个，只是一个想法啊。

此例中，讨论者通过附加问话（“……对不对?”）实施了询问的言语行为（第 1 个话轮）。接着讨论者使用陈述问话继续实施询问的言语行为(第 3 个话轮)。根据支配力的大小，陈述问话比附加问话弱（廖美珍，2003)，而且这两次问话都得到了“期待的”反应（何兆熊，1999：314)。至此，第一个相邻对（第 1 个话轮和第 2 个话轮）构成了第二个相邻对（第 3 个话轮和第 4 个话轮）的前置系列。在这两个相邻对的基础上，讨论者实施了表达类的言语行为（Liu，2011)，对汇报者研究陈述中的某个观点给予了反对（第 5 个话轮)。随即主持人在第 6 个话轮对这种反对进行了归纳要旨的解述（Heritage & Watson，1979)，讨论者在第 7 个话轮对这种解述也做出了最小认可（胡文芝，2014)。所以，该例中的问答言语行为和话语的解述组成了问题协商序列。

（四）会话结束序列

在问题协商序列之后，会话通常逐步接近尾声，会话的整体结构也进入结束序列。结束序列一般具有明显的话语结束标记。Schegloff 和 Sacks（1973，转引自 Coulthard，2014：86）认为会话的结尾包括三个基本的组成部分：结束系列（closing sequence）、前置结束系列（preclosing sequence）和话题界限系列（topic bounding sequence）①。

例 4-9

→1. 主持人：OK，I'm sorry to interrupt you. Sorry，time is up.

2. 汇报者：Yes.

3. 主持人：谢谢！我们最后再以热烈掌声表示感谢。

此例中，根据 Schegloff 和 Sacks（1973，转引自 Coulthard，2014：86）的分类，整个序列为结束系列（closing sequence），其中，第 1 个话轮和第 2 个话轮构成了前置结束系列（preclosing sequence）②。主持人在这个会话结束序列主要实施了表达类言语行为（Liu，2011），比如道歉和感谢。其中，道歉言语行为包含了两种基本的构成要素，它们分别是言外之力指示话语和提供解释（罗桂花等，2019b）。主持人除了使用口语化的表达（"I'm sorry" 和 "Sorry"）作为言外之力指示话语，还对自己打断汇报者的发言做出了解释，有利于获得汇报者的理解。

二、学术会议分组讨论的整体结构

结合以上详细说明和具体实例分析，本研究认为学术会议分组讨论的会话整体结构可以划分为三个阶段。其中，会话的开端对应会话启动序列，问题解决阶段对应问题询问和回答序列、问题协商序列，会话的结尾对应会话结束序列。如图 4-1 所示：

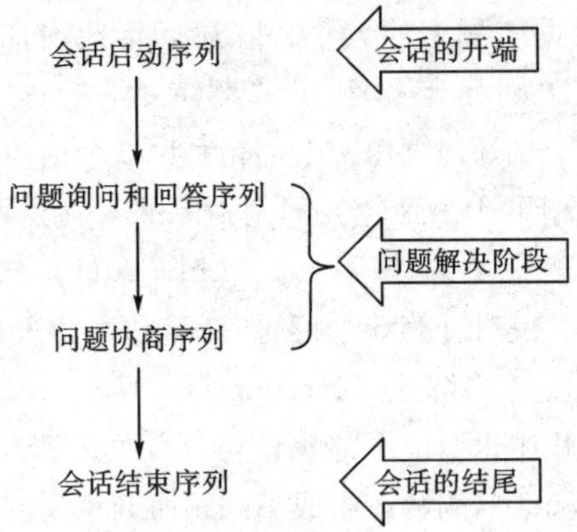

图 4-1　学术会议分组讨论的会话整体结构

① 此处译文来自何兆熊（1999）的翻译。

② 此处译文来自何兆熊（1999）的翻译。

当然，这种会话的整体结构具有一系列的变化和组合，因为这四个序列并非总是依次出现。比如，在会话的启动序列之后，会话可能直接进入问题解决阶段的协商序列。

例 4-10

→1. 主持人：好，下边就留五分钟时间给大家提问，看看有什么问题？

→2. 讨论者：那还是说两句。

→3. 汇报者：嗯。

→4. 讨论者：首先，你对采集的数据进行描述后没有解释原因。你不能说一篇论文告诉我不知道原因，对不对？（..）不知道原因怎么办？那你就调查原因。其实很简单，你抓到那些学生聊聊就知道了。{……} 你不能说我做一个研究，看数据就找出原因了，就停留在这里，做学问不是这个做法的。

→5. 汇报者：哦。

该例中，主持人在第 1 个话轮使用了宽式特指问话（“……看看有什么问题?”）。宽式特指问话的支配力最弱（廖美珍，2003）。通过实施这种询问的言语行为，主持人启动分组讨论，鼓励参与者互动，限定下一步会话活动，然而没有选定下一位说话人。对此，一位参加这场分组讨论的学者自已争取到下一个话轮的话语权（“那还是说两句。”），随即他在当前言语交际中的话语角色转变为讨论者（第 2 个话轮）。在汇报者使用“反馈性提示语”（“嗯。”）（胡文芝，2014：106）对讨论者进行回应后，会话从开端的启动序列转为问题解决阶段的协商序列。讨论者在协商序列实施了大言语行为（廖美珍，2003）。具体来说，属于前导行为的责备包括了直接批评（“……没有解释原因。”）和附加问话（“……对不对?”）。建议是核心行为，讨论者通过明知故问提出具体建议（“……不知道原因怎么办？……你抓到那些学生聊聊就知道了。”）。再一次的责备属于后续行为。通过这种责备讨论者对汇报者的研究内容给予了严厉的批评（“……做学问不是这个做法的。”）①。在第 5 个话轮汇报者使用“反

① 对于这种言语行为序列，本研究将其核心行为作为学术会议分组讨论中学者实施的言语行为。

馈性提示语”（“哦。”）（胡文芝，2014：106）对讨论者进行回应后，整个会话结束了问题解决阶段的协商序列。

第二节　身份建构在会话局部结构中的变化

本部分将详细分析学术会议分组讨论中，学者建构的多重身份在会话局部结构中的变化。具体来说，多重身份之间的转换可以发生在会话启动序列、问题询问和回答序列、问题协商序列和会话结束序列。

一、身份建构在会话启动序列的变化

学术会议分组讨论中，交际一方在会话启动序列通过自我建构实现了两种身份之间的转换。这种转换可以是从参会成员的研究者身份到个人的教师身份。对于这些身份的建构和转换，交际另一方表示了认可。

例 4-11

→1. 主持人：好，那我们可以，就刚才发言老师的研究讨论一下。同学们看有没有什么问题，可以提出来。

→2. 讨论者：互相交流。

在该例的第 1 个话轮，主持人通过使用第一人称（“我们”）建构了学者们作为参会成员的研究者身份。接着她通过使用“同学们”这种身份及友邻关系称谓语（曹炜，2005），建构了自己的教师身份。因此，主持人在本序列中通过自我建构从作为参会成员的研究者身份转换为教师身份。在第 2 个话轮，讨论者通过使用陈述性的断言（“互相交流。”）对主持人两种身份的建构和转换表示了认同。

二、身份建构在问题询问和回答序列的变化

在学术会议的分组讨论中，交际一方在问题询问和回答序列首先建构了自己作为学科成员的研究者身份，接着建构了自己的专家身份。交际另一方认可了这些身份的建构和转换。

例 4-12

……

1. 讨论者：还有就是你刚才说的，就是说，你那个资料是从草稿开

始，第一稿到最后▲

2. 汇报者：▼对，今天，今天我▲

3. 讨论者：▼那在这个过程当中，比如说他们身份有没有这种变化？比方说从一个汇报者到最后，比如说对话者的身份，他们的身份有没有这种从第一稿到最后一稿，他的身份有没有在不同阶段有没有一种变化呢？

→4. 汇报者：呃，（..）实际上这个对话者还是汇报者，这两个词也是我在访谈中受到启发而想到的。那么这个我不能说他从第一稿到最后一稿就能够，呃，我们当然知道这个对话者应该是我们比较期待的一种，就是尽量我们在学术圈中应该和大家是对话的一种态度，但是他不可能说从第一稿然后到最后一稿就变成了，但是他这个可能是受多种因素的影响，也可能是从量变到质变的过程。那么，我最受启发的一点就是曾经有一天，（..）然后，我就是有一个受试者，就告诉我说："我（受试者）今天去参加了一个会议。那么在这个会议上呢，就是主持会议的人是一个非常有名的教授。（…）那么他（教授）就对其中的一位汇报者说：'哦，你这个研究我有看到，就是我们下面来探讨一下这个研究。'"当时他（受试者）就非常受启发说："原来这个知名的教授也会看学生写的文章。也是一种平等的对话的身份。"他（受试者）受此启发之后再写文章的时候，就更加的 critical 了，就更敢去 critical analyzed 这样子的。

5. 讨论者：嗯。

在该例的第 4 个话轮，汇报者通过使用第一人称（"……我们在学术圈中……"）建构了自己作为研究者群体成员的身份。接着，汇报者采取了微型叙事（第 4 个话轮），和日常交际中的叙事相比，机构话语中的这种叙事一般比较少见。但是，在本研究采集的学术话语语料中，参加分组讨论的学者有时会通过叙事提及个人的研究经历，交流自己的研究心得，展现自己的专业能力，建构自己的专家身份。这类叙事的特点主要有以下三个方面：①长度上，相对日常叙事较短；②结构上，通常采取非常浓缩的方式，虽然也包括主人公、情节的发展和高潮，但没有日常叙事所追求的戏剧性效果；③主要目的是通过讲述故事举例说明，支撑某个论点或某种理论。该例中的叙事篇幅上更短，内容上更浓缩，基本上没有叙述者和叙述接受者之间的互动，因为叙述者是汇报者本人，但故事的主人公是第三方（受试者）。汇报者在第4个话轮以“我最受启发的一点就是曾经有一天”为开头，从学术性话语如“对话者”“汇报者”“访谈”“量变”“质变”转向直接引语等叙事话语。整个叙事虽然没有强烈的戏剧性效果，但仍有叙述性，尤其是直接引语的使用增强了表达性和生动性。总之，汇报者通过这个微型叙事说明了自己从访谈中获得的启发，交代了自己使用“汇报者”和“对话者”这两种表述的由来，建构了自己的专家身份。因此，汇报者建构的身份依次为：学科成员的研究者身份—专家身份。根据讨论者的反馈性提示语（“嗯。”）判断（第5个话轮），他对这些身份的建构和转换表达了认同。

三、身份建构在问题协商序列的变化

在问题协商序列，交际一方可以通过自己、对方、他人的建构实现彼此多重身份的转换。对于这些身份的建构和转换，交际对方首先表示认同或者没有认同，接着他（她）通常有以下三种处理方式：没有建构自己的身份；建构了自己的身份；通过自己、对方、他人的建构实现彼此多重身份的转换。

（一）专家身份—教师身份

学术会议的分组讨论中，交际一方在问题协商序列通过自己和他人的建构实现了从专家身份到教师身份的转换。对此，另一方不仅认可了这些身份的建构和转换，还建构了自己的新手研究者身份。

例 4-13

……

→1. 讨论者：我还有一点想法啊，就是在那个西方的，那个期刊上发表的那个书评，因为我自己也做过嘛，我知道的有一部分的书评，像这个 Discourse & Society，这一类的期刊上，其实有一部分，其实它是邀请的那个博士生或等等这一类的，就是帮这个最新的书来写书评的。那就是会不会存在一种可能，就是说，一些就是比较 expert 的一些 writer，级别比较高的，一些专家级的，这一类的这种学者，他们写的那个书评和我们就平时看到，其实很多都是就是一些，这种哈，(..) 博士生，这样这种身份的这种学生，然后他们去写的书评，那我想，可能他们在使用这种语言的策略上，可能也会▲

→2. 汇报者： ▼所以就是说，我这里的，其实就像刚才这位老师讲了这种因素要去，⊥好，那我说一下，所以说这个因素需要去，去把它控制一下。(..) 那像我，我这里头，这方面确实比较难控制，这个 expert，所以我就只能是，也是算是作为 limitation，然后我只能假想啊，这个在《现代外语》这种比较权威的期刊上面，和 *Journal of Pragmatics* 都作为是 expert 吧，啊，就，就只能是因为，其实国内的还是有一些，那个博士生写的，也是有蛮多的。

对于实证研究而言，数据采集过程对研究结果会产生重要影响。该例中，讨论者指出在选择书评类的学术语篇作为语料时，可能需要考虑这些书评作者学术水平的差异性（第 1 个话轮）。为了突出这种差异的重要性，增强自己观点的说服力，讨论者分享了自己开展类似研究之后的发现。在分享的过程中，讨论者建构了自己是有经验的专家的身份。接着，汇报者通过使用职业称谓语（“老师”）指称了这位讨论者并建构了对方的教师身份（第 2 个话轮）。所以，通过自我建构和对方建构，讨论者的身份从专家身份转换为教师身份。然而，汇报者在这个序列中只建构了自己的新手研究者身份，因为她实施了陈述性断言的言语行为。根据该言语行为的命题内容判断（“……这方面确实比较难控制……”），汇报者侧重强调了改进数据收集方法的难度（第 2 个话轮）。综上所述，当讨论者在问题协商序列进行自己多重身份的转换时，汇报者建构的自我身份没有发生变化。

（二）专家身份—参会成员的研究者身份

学术会议的分组讨论中，交际一方在问题协商序列可以从专家身份转换为参会成员的研究者身份。另一方对于通过这种自我建构实现的身份转换表示了认同。

例 4-14

→1. 讨论者：……我就觉得，就是说，你可能需要再 narrow down 你的这个 research question。而且这个 research question，就是 narrow down 到一个 research question，然后你可以把一个 research question 分成【三个。

2. 汇报者：几个，嗯。】

→3. 讨论者：但这三个 research question 不是说分成三个，三个部分，而是同一个 research question 三个不同的层面。刚才×老师其实也提到了，就是你的这个研究问题分成子问题的时候，它们是一个接一个层层递进的。

→4. 汇报者：嗯。

该例中，讨论者结合表达个人观点的模糊限制语（“我就觉得……”）实施了建议行为，建构了自己亲和的专家身份（第1个话轮）。接着在第3个话轮，通过关联×老师（“刚才×老师其实也提到了……”），讨论者引证了自己建议的命题内容，建构了自己和他人（×老师）作为参会成员的研究者身份。汇报者通过使用反馈性提示语（“嗯。”）表示认可这些身份的建构和转换（第4个话轮）。

另外，学术会议的分组讨论中，交际一方在问题协商序列可以首先建构自己的专家身份，接着建构自己和对方是参会成员的研究者身份。对此，另一方没有认同这些身份的建构和转换，他（她）只是建构了自己的专家身份。

例 4-15

→1. 主持人：……我觉得也不算是一个问题，同样是因为这个是对于英文的分析，然后这里得出的这些数据，这些数据得出，⊥因为本身分类是比较主观的，然后今后又没有一个，就是比较 statistics 的这种，⊥一个比如说比较科学，⊥只是百分比的话不能说明问题，再一个就是没有和，比如说其他的语言进行对比，然后我们得出的结论好像，似乎有一点不够。

→2. 汇报者：这也是我为什么没有大幅讨论的原因，我意识到它确实不光语料还有统计方法，这里确实需要更多的数据 data 来证实，或者做一个什么卡方，significance 的验证……

在该例的当前话语活动中，因为主持人参加到讨论中，所以他的话语角色已经转换成讨论者。在第 1 个话轮，他不仅使用了第一人称“我”，还指出了汇报者研究内容的三个问题：数据分类比较主观，只有百分比不能说明问题，没有对比其他语言。因此，通过实施责备的言语行为，主持人建构了自己的专家身份。但是，在第 1 个话轮的结尾处，主持人既使用了“我们”，还描述了汇报者研究结论的不足。这里的第一人称“我们”实指“你”，换言之，主持人选择站在汇报者的角度，建构了自己和对方是参会成员的研究者身份。类似情况也体现为第一人称“我”完全可以替代“你”，属于一种虚指说话人和实指听话人的换位身份（任育新，2016）。除了第一人称“我们”，主持人还使用了模糊限制语“比较”“好像”“似乎”“有一点”来减弱自己专家身份的权威性。综上所述，主持人在第 1 个话轮使用的话语实践类型包括责备言语行为、第一人称指示语和模糊限制语。与此同时，主持人一方面从专家身份转换为参会成员的研究者身份，另一方面也有效地拉近了双方的心理距离，增加了自己的亲切感，避免了彼此产生对立的情绪。然而，汇报者在第 2 个话轮的开头不但使用了第一人称（“我”），而且解释了她对研究局限的预判。所以，根据第 2 个话轮的话语内容和话语形式判断，汇报者没有认同主持人建构的参会成员的研究者身份，她只是建构了自己的专家身份。

（三）教师群体的成员身份—研究者群体的成员身份—专家身份

学术会议的分组讨论中，交际一方在问题协商序列将自己首先界定为教师群体中的成员，然后是研究者群体中的成员，最后是专家身份。对于这些身份的建构和转换，另一方表示了认可。

例 4-16

→1. 讨论者：……很多时候我们要求学生，你的论文最后必须有一个argue。就比如说，我就你这个，我调一个小小的方向，我说中国学者跟中国学者的互动过程，跟中国学生的互动过程，跟在外国的、西方的，彼此互动的过程是不同的。这就是 argue 嘛，对不对？是吧？这就是 argue 嘛。(..) 那这个，这个研究的意义是什么呢？我们很多学者将来要走到国际上去，啊，因为有不同，所以我们要be aware of differences，是不是啊？所以我提出的这个东西是至少有很多不同，那么如果是在这样一个点上去做，你就有个 argument，当然你不一定要这样去做，啊，这是我说的，这，只是提一个例子。就必须有一个 argument，是吧？

→2. 汇报者：嗯，对。

此例中，讨论者在第 1 个话轮的开头通过使用第一人称“我们”和身份及友邻关系称谓语（“学生”）（曹炜，2005）建构了自己是教师群体中的成员身份。接着在后续举例的过程中，讨论者仍然使用第一人称“我们”，但身份及友邻关系称谓语发生改变（“学者”），所以建构了自己是研究者群体中的成员身份。另外，在第 1 个话轮的结尾处，讨论者实施了建议的言语行为序列。其中，第一个建议属于“规约性间接言语行为”（任育新，2014：63）。在提出这个建议时，讨论者使用了第一人称“我”来表现亲和的一面（“……当然你不一定要这样去做，啊，这是我说的，这，只是提一个例子。”）。接着，讨论者通过附加问话实施了第二个建议行为。该附加问话虽然在问话连续体内具有最强支配力（廖美珍，2003），但结合对附加问话目的的探讨（Hudson，1975；Lakoff，1975；Levinson，1986；Holmes，1986），本研究认为这里的附加问话主要是为了缓和陈述，降低话语的权威性。综上所述，讨论者通过建议言语行为序列建构了自己亲和的专家身份。整体而言，讨论者的身份建构和转换依次为：教师群体的成员身份—研究者群体的成员身份—专家身份。根据汇报者的回应表达（“嗯，对。”）判断（第 2 个话轮），她认同了这些身份的建构和转换。

（四）参会成员的研究者身份—教师身份—专家身份

学术会议的分组讨论中，交际一方在问题协商序列通过自我建构实现了三种身份的转换。这些身份依次是参会成员的研究者身份、教师身份和专家身份。对此，另一方表示了认可。

例 4-17

1. 讨论者：……的确，这个，academic 的这样一个，语言啊，我们现在讲，如果再从更大一点的，更宏观一点的，我们讲到这个话语权，是吧？
2. 汇报者：嗯。
3. 讨论者：实际上这个话语权，跟这个一个国家的政治、经济实力有关。如果是你很富强，别人可能你说的话再难听也有人听你的。但是还有一个就是这个世界已经变得越来越这种 interaction，互动，大家互相的尊重，所以它又遵守一定的规则。

4. 汇报者：嗯。

→5. 讨论者：在国际的场合上，⊥在学术圈，所以你研究这个东西呢，从大一点来看，它就是 academic community 的一个，一个 room。在我们学术圈子，×老师的大会发言实际上也是中国的学术的这个，一个样板。

6. 汇报者：嗯。

→7. 讨论者：那么，到底它当中有些什么规律，有些什么样的，大家慢慢形成的，它并没有，就是说大家开会来决定这样一些规则，那这个东西是，作为这个 community，大家经过长时间的，慢慢逐步形成的一种惯例。(..) 你打破了，就可能会觉得很怪。为什么？所以，研究这个东西，我觉得还是有意义的啊，从这个意义上来讲……

8. 汇报者：嗯。

该例中，讨论者通过陈述性的断言（“在我们学术圈子，×老师的大会发言……”）建构了自己是参会成员的研究者身份（第 5 个话轮）。接着，通过启发式提问（“为什么?”）建构了自己的教师身份（第 7 个话轮）。最后，通过实施评价的言语行为（“……还是有意义的啊……”）并结合表示个人观点的模糊限制语（“我觉得……”）建构了自己亲和的专家身份。所以，在这个问题协商序列，讨论者不仅自我建构了参会成员的研究者身份、教师身份和亲和的专家身份，而且实现了这三种身份之间的转换。

（五）专家身份—教师身份/专家身份—研究者身份

学术会议的分组讨论中，交际一方在问题协商序列通过自己和他人的建构实现了从专家身份到教师身份的转换。另一方不仅认可了这些身份的建构和转换，还通过自己和他人的建构也实现了从专家身份到研究者身份的转换。

例 4-18

→1. 讨论者：我问个问题，(..) 我关注你的研究问题，好像你们几个研究问题是不是比较类似？元语言、元话语的使用情况如何？大概都是使用情况，然后使用元话语建构的作者身份如何？答案好像都差不多，不用怎么做都可以，⊥几个答案都可以出来。怎么样的去，⊥你们自己相互之间的分工，怎么样能够分工好？另外一个就是协调大家的，比如身份建构，能不能出来一些稍微不同的，有没有这个可能性？

→2. 汇报者：不一样吧，我们每个人的研究的具体的抓手是不一样的，比如说××的引用。

3. 讨论者：都是评价或者什么，什么研究等等的。

→4. 汇报者：我觉得具体到每一个研究里面，它的身份的类型还是不一样的。像我这边的三个身份，其实就是直接跟元话语的功能挂钩的。(..) 因为元话语有这三个功能，所以通过元话语建构的作者身份也是这三类。那么当然我可以继续细分下去，比如说运用到形容词的自我维度，当它在表达评价的时候，它呈现出什么样的形象？前面加上一个形容词的限制，那不是身份，那应该是一个 role，就是一个形象。

→5. 主持人 1：还有没有问题？

→6. 主持人 2：那个×老师讲得很好。其实就是说刚才也谈到，就是说我们做这个研究，有两种路径：一种就是同一种身份作为抓手，然后看它的话语表征，还有一种就是我们抓一种话语特征，能不能看这个话语特征可能会出现不同的身份。是这样两种，应该说，也谈不上 top down，或者 down top，就是你说的这个 identity 和 discourse features，(..) 是这样一个，目前他们团队应该是第二种，就是有一些从 writer discourse，有一些是从 citation discourse，或者是从其他的来做。也有可能是，还有第三种这个特质，可能是一种 activity 也是可能的。

此例中，讨论者主要通过询问来指出汇报者的问题，认为她和之前其他汇报者的研究内容存在比较大的相似性，得出的结论似乎没有区别性特征（第 1 个话轮）。在第 1 个话轮，讨论者一共使用了三个寻求信息的问话（Pan，2013）。这些问话的类型分别是正反问话（“是不是”“能不能”“有没有”）和宽式特指问话（“怎么样”）。总体来说，这些问话的支配力比较强。通过这些问话，讨论者建构了自己权威的专家身份。针对讨论者第一个寻求信息的问话，汇报者在第 2 个话轮给予了否定（“不一样吧……”）。在此基础上，为了增加说服力，她进一步提供“扩展性否定答话”（胡文芝，2014：103），将当前话题和前面一位汇报者的研究内容关联（“……比如说××的引用。”）。但是，根据讨论者在第 3 个话轮的话语内容和陈述性的断言（“都是评价……”）判断，他并没有被汇报者说服。所以，在第 4 个话轮的开头，汇报者通过使用“我觉得”这个模糊限制语实施了陈述性的断言，接着进一步阐释了自己的研究内容，建构了自己谦和的专家身份。这时，第一位主持人通过正反问话（“有没有”）希望引发更多参与者的互动，邀请其他人也提出问题（第 5 个话轮）。在此前提下，第二位主持人作为“近旁参加者”（维索尔伦，2003：96）中途加入当前讨论者和汇报者的讨论中，他的话语角色随即转换为讨论者。在第 6 个话轮的开头，他使用了职业称谓语（“姓＋老师”的职业名）建构了讨论者的教师身份，并通过实施评价的言语行为（“那个 X 老师讲得很好。”）建构了自己权威的专家身份。除此之外，在第六个话轮的后续部分，第二位主持人围绕讨论者和汇报者争论的问题进行了阐述，并通过使用含有第三人称的人称指示语（“……他们团队……”）建构了汇报者是研究者群体的成员身份。所以，在整个问题协商序列，讨论者的身份依次为专家身份（自己建构）—教师身份（他人建构），与此同时，汇报者的身份依次为专家身份（自己建构）—研究者身份（他人建构）。

（六）专家身份—教师群体的成员身份—研究者群体的成员身份—教师群体的成员身份

学术会议的分组讨论中，交际一方在问题协商序列首先建构了专家身份，接着建构了教师群体的成员身份和研究者群体的成员身份，最后再次建构了教师群体的成员身份。另一方认同了这些身份的自我建构和相互转换。

例 4-19

→1. 讨论者：我觉得这个话题非常好。因为什么呢？就是说，怎么样进行身份建构？因为当我们，⊥现在已经进入本科学生论文的写作阶段了，大家会发现我们的学生很多只会去引用，但是，就是一个，当然 X 老师就是一个汇报者，但是啊，大部分那种对话啊，更不可能，这样我想，像这样，当我们在进行学术论文写作的时候，也遇到这种情况，那如果说研究一下，成功的论文怎么去构建成功的对话策略。我想可能的话呢，可能对我们学习学术写作者有很大的帮助。因为你这里谈的是新手嘛，如果说，(..) 成功的，或者已经发表的，SSCI 呀，我们国内的所谓 C 刊也好，就是说这些成功的学术论文，它是不是在这个对话者还是说占的比重更高？应该是这样子，对吧？比如这个对话的话，怎么样构建出来的？它就这些策略，我想可能会有一些策略，就是猜测吧。我如果说把这些东西，能不能建构起来告诉大家？可能对于我们的学习者来说，有很大的提高。

→2. 汇报者：嗯。谢谢，谢谢。

此例中，针对当前讨论的话题（“……怎么样进行身份建构?”），讨论者在第 1 个话轮的开头通过实施评价的言语行为（“我觉得这个话题非常好。”）建构了自己的专家身份。接着讨论者详细阐述了他给出积极评价的理由。在这个过程中，讨论者使用的人称指示语除了“我”，还有“我们的学生”“我们”“我们学习学术写作者”和“我们的学习者”。结合当前语境的分析可以发现，通过“我们的学生”和“我们的学习者”，讨论者建构了自己是教师群体的成员身份，而通过“我们学习学术写作者”和“我们”，他建构了自己是研究者群体的成员身份。所以，在第 1 个话轮中，讨论者建构的自我身份依次为：专家身份—教师群体的成员身份—研究者群体的成员身份—教师群体的成员身份。汇报者通过使用反馈性提示语（“嗯。”）表示没有拒绝这些身份的建构或者转换（第 2 个话轮）。

通过分析以上六种情况可以发现，交际一方在问题协商序列可以通过自己、对方、他人的建构实现彼此多重身份的转换。对此，交际对方首先表示了认同或者没有认同，然后他可能没有建构自己的身份，也可能建构了自己的身份，还可能通过自己、对方、他人的建构实现了彼此多重身份的转换。

四、身份建构在会话结束序列的变化

学术会议的分组讨论中，交际一方在会话结束序列可以通过自我建构实现两种身份之间的转换。这种转换是从参会成员的研究者身份到教师身份，另一方对此表示了认同。

例 4-20

→1. 主持人 1：如果大家没有其他的问题的话，我们休息，休息二十分钟，是吧？四点，四点二十，四点二十开始下一位同学的发言。

→2. 主持人 2：好的。

该例中，第一位主持人通过使用第一人称（“我们”）建构了自己是参会成员的研究者身份（第 1 个话轮）。但是，在第 1 个话轮的结尾处，她通过使用“同学”这种身份及友邻关系称谓语（曹炜，2005）建构了自己的教师身份。因此在这个会话结束序列中，第一位主持人自我建构的身份从参会成员的研究者转换为教师。第二位主持人使用“回应表达”（“好的。”）（袁周敏，2015：169）对这两种身份的建构和转换表示了认同（第 2 个话轮）。

第三节　身份建构在会话整体结构中的变化

本研究将学术会议分组讨论的会话整体结构分为三个阶段：会话的开端、问题解决阶段和会话的结尾。根据第三章对学者建构的专家身份、研究者身份以及教师身份的界定，本研究对这些身份进行了定量统计，如表 4-1 所示。

表 4-1　学者建构的身份在会话整体结构中的变化

会话的整体结构	专家身份			研究者身份			教师身份		
	主持人	汇报者	讨论者	主持人	汇报者	讨论者	主持人	汇报者	讨论者
会话的开端	6	—	2	3	—	—	7	—	3

续表

会话的整体结构		专家身份			研究者身份			教师身份		
		主持人	汇报者	讨论者	主持人	汇报者	讨论者	主持人	汇报者	讨论者
问题解决阶段	问题询问和回答序列	4	20	70	6	15	78	3	12	19
	问题协商序列	6	67	325	10	46	240	7	36	135
会话的结尾		6	—	—	13	—	10	22	—	—

通过此表可以发现，在学术会议分组讨论的会话开端，主持人建构教师身份的频次最高，和他（她）建构专家身份的频次基本相同。相对而言，讨论者建构教师身份和专家身份的频次较少，这两者也无明显差异。另外，讨论者在学术会议分组讨论的会话开端没有建构研究者身份，汇报者也没有实施身份建构。在问题解决阶段的问题询问和回答序列，和主持人、汇报者相比，讨论者建构的专家身份、研究者身份和教师身份的频次分别都是最高，而且，和专家身份、教师身份相比，讨论者建构研究者身份的频次最高，达到 78 次。在问题解决阶段的问题协商序列，讨论者建构的专家身份、研究者身份和教师身份的频次仍然分别都是最高，远远高出主持人和汇报者的建构频次。其中，频次最高的是讨论者建构的专家身份，达到 325 次。在学术会议分组讨论的会话结尾，主持人建构教师身份的频次最高，其次是研究者身份和专家身份，而讨论者仅建构了研究者身份，汇报者没有实施身份建构。

所以，对于学术会议分组讨论的三个会话阶段，专家身份、研究者身份和教师身份这三种身份都有出现。在会话的开端，主要是主持人和讨论者建构身份；在问题解决阶段，主持人、汇报者和讨论者都进行了身份建构；在会话的结尾，主要是主持人建构身份。数量上，三种身份的建构主要集中在问题解决阶段，尤其是这个阶段的问题协商序列。不同话语角色在问题协商序列建构不同身份的频次存在显著差异，其中以讨论者进行身份建构为主。相对而言，在问题询问和回答序列，讨论者建构最多的是研究者身份；在问题协商序列，讨论者建构最多的是专家身份。关于学术会议分组讨论中，学者身份（建构）在会话整体结构中呈现这种变化的语用动因，本研究将在第五章和第六章做进一步的分析。

第四节　小结

第三章论述了学术会议分组讨论中学者身份建构的种类及其话语实践类型。在此基础上，本章从身份建构可变性的角度论证了身份建构的动态性，进一步验证第三章对身份建构可选择性的探讨。结果发现，学术会议的分组讨论中，学者身份（建构）的可变性不仅体现在会话的局部结构层面，还表现在会话的整体结构层面。

学术会议分组讨论的会话整体结构可以分为三个阶段：会话的开端、问题解决阶段和会话的结尾。其中，会话的开端对应会话开始序列，问题解决阶段对应问题询问和回答序列、问题协商序列，会话的结尾对应会话结束序列。在会话的局部结构层面，学者身份建构的可变性首先表现为交际一方可以通过自己、对方、他人的建构实现彼此多重身份的转换。其次，交际另一方对这些身份的建构和转换表示了认同或者没有认同。最后，在表达认同或者没有认同的前提下，交际另一方可能没有建构自己的身份，也可能建构了自己的身份，还可能通过自己、对方、他人的建构实现了彼此多重身份的转换。

另外，对于学者身份（建构）在会话整体结构中的变化而言，专家身份、研究者身份和教师身份这三种身份在三个会话阶段都有出现。但是，在会话的开端，主要由主持人和讨论者进行这些身份的建构；在问题解决阶段，主持人、汇报者和讨论者均参加身份建构；在会话的结尾，主要是主持人实施这些身份的建构。在数量上，三种身份的建构主要集中在问题解决阶段，尤其是其中的问题协商序列。相对而言，在问题询问和回答序列，主要是讨论者进行身份建构，而且建构最多的是研究者身份，总频次达 78 次；在问题协商序列，同样主要由讨论者实施身份建构，然而建构最多的是专家身份，总频次达 325 次。总之，学者身份（建构）在会话整体结构中体现了可变性。

综上所述，学术会议的分组讨论中，学者身份（建构）在会话整体结构和局部结构中呈现出变化。这种变化的语用动因将在第五章和第六章分别进一步讨论。

第五章 身份建构的语境制约性

第四章通过论证身份建构的可变性说明了身份建构的动态性，这种可变性反映在会话的整体结构层面和局部结构层面。为了比较全面地解释身份建构的动态性，本章将主要分析交际语境对身份建构的可选择性和可变性的制约，即身份建构的语境制约性。首先，基于语言顺应的交际语境和关系管理模式，从理论上提出身份建构的交际语境要素。其次，基于现实生活中的学术会议话语，既从会话的局部结构层面论证学者身份建构分别受到交际语境中的心智世界、社交世界和物理世界的制约，也从会话的整体结构层面考察学者身份建构受到各种交际语境要素的共同制约。最后，对本章进行小结。

第一节 身份建构的交际语境

本部分首先阐述语言顺应论（维索尔伦，2003）中交际语境的主要内容，接着概括关于人际关系和社会关系的关系管理模式（Spencer-Oatey，2007，2008）。然后，基于对这两者的相关研究，分析身份建构的交际语境要素。最后，结合学术会议的分组讨论，进一步探讨交际语境对学者身份建构的制约性。

一、语言顺应的交际语境

根据语言顺应论，适应性的语境相关成分（contextual correlates of adaptability）是“交际语境中必须和语言选择相互适应的全部要素，它涉及的范畴从物理语境中的方方面面（如距离影响到说话声音的大小），到说话人和听话人之间的社会关系，以及交际双方的种种心态。”（维索尔伦，2003：77）其中，交际语境要素分为语言使用者（发话人与释话人）、心智世界、社交世界和物理世界。以下为这些交际语境要素的主要内容（维索尔伦，2003：90-119）：

①语言使用者（发话人与释话人）的各种角色可以从四个方面分析。这四个方面涉及发话人的多种发话声型［voices］、释话人［interpreters］的多种角色、当发话人［utterer］成为释话人时、会话人数量的影响。发话声型包括发话人和信源提供人［sources］；释话人有参加者［participants］和非参加者，参加者又细分为受话人［addressees］和近旁参加者［side participants］。

②语言使用中激活的心智世界包括认知成分和情感成分。认知成分以种种概念化［conceptualizations］的形式提供了沟通心智世界和社交世界的桥梁，同时，概念化还用于解释社会性互动，而情感成分提供的桥梁则是一些通常在诸如感动［affect］、［involvement］这类标签下研究过的现象，这些现象是从事、维持和"渲染"互动的态度性前提。

③对于社交世界而言，"大多数社会因素和社会场景［social settings］或公共制度［institutions］存在着性质上的联系"（维索尔伦，2003：105-106）。这些因素和社会场景或公共制度的联系表现为：a. 存在从属与权威或者权威与亲和的关系；b. 规定某些语言性行为的实施者或实施方式的原则和规则；c. 遵守特定场景、特定公共制度或特定社区特有的交际规范。

④物理世界包括时间指称、空间指称、物理世界中的发话人与释话人、言语的"物质"条件。时间指称的讨论包括事发时间［event time］、发话时间［time of utterance］和参照时间［reference time］。物理世界中的发话人与释话人涉及身体姿势［bodily postures］、手势［gestures］、注视［gaze］、打扮［physical appearance］等。言语的"物质"条件指对导致或阻止某些选择类型的言语的纯"物质"条件。

二、关系管理模式

关系管理模式（rapport management model）（Spencer-Oatey，2007，2008）主要包括面子管理与社交权管理。该模式包括以下三个方面（Spencer-Oatey，2007：14）[①]：

---

① 以下译文来自李成团和冉永平（2014）的翻译。

①面子是人们对得到他人认可和赞赏的需要，包括素质面子(quality face）和身份面子（identity face)。素质面子指人们想得到别人对自己的个人素质（包括知识、能力、外表等）的积极评价，与自己的自尊有关；身份面子指人们想得到别人承认与支持自己在社会或群体中的社会身份或角色（如领导、密友、重要的客户等)。

②社交权与个人/社会的期望有关，反映人们对是否公平、是否被关照、是否被社会认可/排斥等问题的关心，它由公平权（equity rights）和交际权（association rights）构成。公平权指有权受到他人的注意，得到公平的对待，不被他人无端强迫或命令，不被他人利用；交际权指有与他人保持符合关系的联系或交往的权利。这种权利包括与他人进行谈话或交流的联系权，也包括情感联系权（指人们在一定程度上得到他人的关心、能与他人分享感受和兴趣)。

③素质面子与平等权属于个人层面，身份面子与交际权属于社会的、相互依赖的层面。

面子管理和社交权管理涉及关系管理策略的使用，而和谐取向(rapport orientation）是影响关系管理策略的一种因素。和谐取向分为以下四种（Spencer-Oatey，2007：29)：

a. 和谐—增强取向指说话人具有增强人际和谐关系的意图，进而取得人际关系的积极变化；

b. 和谐—维护取向指说话人渴望维护或保护双方当前的人际关系，而不是意在取得该关系的积极变化；

c. 和谐—忽略取向指说话人不关心人际关系，忽略对人际关系的维护与提高；

d. 和谐—威胁或挑战取向指说话人具有挑战、损害人际关系的意图，进而影响人际和谐。

关系管理模式在Brown和Levinson面子理论的基础上拓展了面子管理，纳入了权利管理和互动目标管理，成为包括东西方面子文化、涉及更全面的人际关系的礼貌理论（陈新仁，2017)。所以，它为探讨和解释言语交际者之间的人际关系和社会关系提供了理论支持。

三、身份建构的交际语境要素

基于以上关于语言顺应的交际语境和关系管理模式的主要内容，本部分首先论述学术会议分组讨论中学者身份建构的交际语境要素，然后重点探讨这些要素对身份建构的制约性。

①在学术会议的分组讨论中，语言使用者的话语角色主要包括主持人、汇报者和讨论者。根据发话声型的分类，以上三种话语角色都有可能成为发话人，而信源提供人则可能不是这三种话语角色中的任何一个。这种情况在本研究的语料中比较普遍，属于 Ventola（1999）提出的“符号网”（semiotic spanning），如例 5-1：

例 5-1

→汇报者：……因为我是，⊥之前就是跟×老师讨论的时候，他就说，因为像中国是语言学及应用语言学，然后我们这边，它的英文是（..）linguistics and applied linguistics，但是它的中文翻译的是外国语言学及应用语言学。所以我是，⊥他认为这两个是同一个学科，但是问题是为什么会有不同的名称。然后它们在，它们在学生写的时候，是否会有些不同的 community of practice？所以我就是，考虑了一下，我就选择了这三个不同的样本……

该例中，发话人是汇报者，但当提及她和×老师之前的讨论时，X 老师是信源提供人（“……他就说”）。

根据释话人的多种角色分类，所有分组讨论的参与者均为到场人。但只有倾听讨论发言的才是释话人，其中，只有参与讨论的释话人才是参加者。发话人交际的对象是受话人，中途加入发话人和受话人讨论的是近旁参加者，如例 5-2：

例 5-2

1. 讨论者：我想说一下最后一页的那个结论。

→2. 主持人：最后一页是谢谢。（集体笑）

3. 讨论者：你的标题关于思辨能力和高中生英语写作，那你肯定要先谈谈它们之间的关系啊，但你的研究内容似乎没有清楚地回答这个问题。

4. 汇报者：哦。

该例中，讨论者是发话人，他交际的对象是作为受话人的汇报者。中途加入他们讨论的是作为近旁参加者的主持人。在第 2 个话轮主持人使用幽默话语（“最后一页是谢谢”）之前，他只是参加者。主持人的幽默话语引发了集体笑声。这些倾听讨论发言的会议参与者是释话人，其他可能在场而没有倾听的会议参与者只是到场人。

参加分组讨论的学者因为发话人和释话人的多种角色而建构了多重身份。所以，为了考察学术会议分组讨论中学者的身份建构，本研究对他们进行了话语角色的分类。在语料分析过程中，必要时也结合了交际语境考察发话人和释话人的各种角色。

②“毫无疑问，语言互动是心智与心智之间的交流——虽然我们永远不应忘记，心智是‘社会心智。’”（维索尔伦，2003：77）在学术会议的分组讨论中，学者心理状态也至关重要。交际一方需要考虑对方或他人的认知因素和情感因素。认知因素主要体现为说话人的面子因素（毛延生，2009），面子又可以细分为素质面子和身份面子。素质面子主要表现为学者希望得到别人对自己学术知识、学术能力、学术水平、学术贡献的认可，获得自豪感；身份面子指学者希望赢得别人对自己在社会或学术群体中身份或角色的认可，如学院院长、学术委员会委员、论文或项目评审专家等，拥有成就感。情感因素可以分为积极情感和消极情感（冉永平等，2008）。积极情感有感激、满意、庆幸、欣慰、愉快、幸福等，消极情感则是痛苦、愤怒、苦恼、忧愁、憎恨、内疚、恐惧等。参加学术会议分组讨论的学者在建构身份的同时，需要考虑彼此的情感诉求和维护彼此的情感联系权。

③在学术会议的分组讨论中，社会因素和社会场景或公共制度的联系主要表现为：a. 学者之间存在权势关系、平等关系和人际距离。随着会话的推进，它们呈现动态变化；b. 总体来说，学者之间的人际关系呈现和谐取向，尤其以和谐—增强取向以及和谐—维护取向为主；c. 除了受到社会和文化规范的制约，学者还必须遵守学术会议特有的交际规范。最后，需要强调的是，以上三个方面都会影响学者的身份建构。

④在学术会议的分组讨论中，时间指称、空间指称、物理世界中的发话人与释话人、言语的“物质”条件对学者的身份建构具有影响。虽然它们并不是同时或者总是产生影响，但如果发挥作用，其制约性也应予以考虑。

基于以上论述，本研究认为在学术会议的分组讨论中，学者身份建构的交际语境要素分为心智世界、社交世界和物理世界。心智世界包括情感和面子，面子又细分为素质面子和身份面子。社交世界包括权势关系、平等关系、亲疏程度、交际规范和人际和谐。物理世界包括物理世界中的发话人与释话人、言语的“物质”条件。身份建构的交际语境要素如图 5-1 所示：

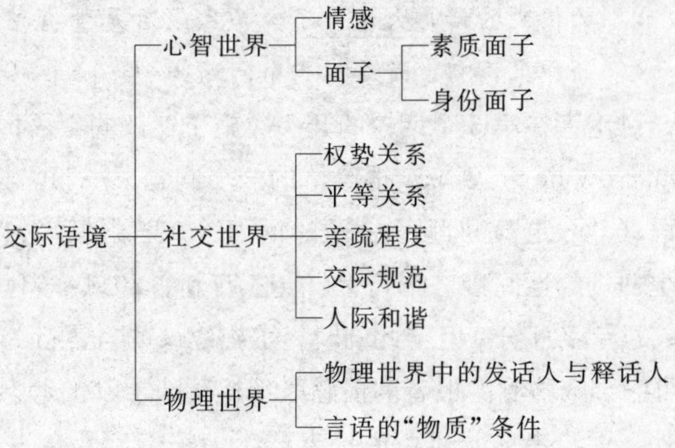

图 5-1　身份建构的交际语境要素

第二节　身份建构受心智世界的制约

在学术会议的分组讨论中，学者的身份建构受到心智世界的制约。这种制约主要反映在两个维度：情感成分和认知成分。情感成分包括积极情感和消极情感；认知成分重视面子因素中的素质面子和身份面子。

一、受情感成分的制约

作为心智世界的一个重要维度，情感成分是学者建构身份时应该考虑的主要方面。换言之，学者需要根据彼此的情感状况建构不同的身份。消极情感指在言语交际的过程中，互动参与者产生的不利于彼此实现成功交际的情感。消极情感受到外部因素或内部因素的影响。为了减轻消极情感可能带来的负面作用，参加学术会议分组讨论的学者需要进行身份建构。

例 5-3

1. 讨论者：……那么再具体到这个 argument，是因为很具体，所以我要研究的这些现象，不能包罗万象。

2. 汇报者：嗯。

→3. 讨论者：所以最后一定要 narrow down 到一个很具体的一个问

题，而我用有限的语料，集中去解决这个问题，这些语料其实有些也够多。但是如果我只解决一个问题，因为我的创新就在这一点上，而不是要面面俱到。（..）面面俱到的话，太辛苦了，而且最后是没有结果，我大概的印象，啊，是这么一个问题……

此例中，讨论者在第3个话轮的开头实施了建议的言语行为（“所以最后一定要 narrow down 到一个很具体的一个问题……”）。其中，“强势确信度标记语（“一定”）加强了命题的语力”（袁周敏，2015：92）。所以，通过这个“规约性间接言语行为”（任育新，2014：63），讨论者建构了自己权威的专家身份。但与此同时，实施建议的言语行为和建构权威的专家身份可能会威胁到汇报者的情感联系权。基于以上考虑，在第3个话轮的结尾处，讨论者为了避免汇报者产生消极情感，在遵循同情准则（Leech，1983）的前提下采用移情①的方式，通过“太辛苦了”直接表达了对汇报者的同情和关心。综上所述，讨论者一方面建构了自己权威的专家身份，另一方面为了维护汇报者的情感联系权，减弱消极情感对汇报者带来的负面影响，也表现出了自己亲和的一面。

二、受面子因素的制约

面子和个体身份、集体身份以及关系身份紧密相关（Spencer-Oatey，2007）。不仅如此，身份建构也离不开面子的影响。关系管理模式将面子因素分为素质面子和身份面子。在学术会议的分组讨论中，素质面子和身份面子都对学者的身份建构具有制约作用。

（一）受素质面子的制约

参加分组讨论的学者在建构身份时需要关注彼此的素质面子。素质面子主要和学者的学术知识、学术观点和科研能力有关。交际一方通过对另一方表达赞同和认可，不仅可以实施身份建构，还可以维护对方或者其他交际者的素质面子。

例 5-4

① 多数语境下的人际交往需要说话人从对方的视角考虑问题，或从对方（物质、心理或情感方面的）需要出发，替别人着想，充分理解或满足对方的需求。这是一种换位思考，也是移情。（冉永平，2007：334）

→1. 讨论者1：……另外一点就是说，这个新手应该还是要区别一下他（她）的英语水平。因为不同英语水平可能会有点影响，比如说你这个学生，如果他是一个 applied linguistics 专业的学生，他肯定写起来会有一些不同。

2. 汇报者：嗯，谢谢，谢谢。

→3. 讨论者2：是的，这个就是对于 novice writer，这个确实是很难定义的一件事情。

4. 讨论者1：对。

5. 讨论者2：对，是的。

此例中，第一位讨论者在第1个话轮的开头实施了建议的言语行为（“……这个新手应该还是要区别一下他（她）的英语水平。”）。接着，他解释了提出这条建议的理由。通过这个“规约性间接言语行为”（任育新，2014：63），第一位讨论者建构了自己权威的专家身份。讨论者实施建议的言语行为和建构权威的专家身份可能会威胁到汇报者的素质面子，影响对汇报者学术知识、科研能力的积极评价。所以，在第2个话轮汇报者对第一位讨论者的建议表达感谢后，第二位讨论者在第3个话轮的开头对第一位讨论者提出的建议表示了赞同（“是的”），随即实施了断言类的言语行为（“……这个确实是很难定义的一件事情。”），陈述了根据第一位讨论者的建议修改研究内容的难度。通过这些话语实践，第二位讨论者不仅建构了自己的专家身份，而且维护了汇报者关于学术知识和科研能力的素质面子，表现出了亲和力。第一位讨论者在第4个话轮通过“回应表达”（“对。”）（袁周敏，2015：169）对第二位讨论者陈述性断言的命题内容表示了赞同，也表现了自己亲和的一面。

（二）受身份面子的制约

除了素质面子，参加学术会议分组讨论的学者在言语交际中还需要考虑彼此的身份面子。分组讨论的一方通过对另一方给予肯定，表达认同和赏识，既可以实施身份建构，还可以使对方或其他学者在社会或学界中的社会身份和社会角色得到承认和支持。

例5-5

→1. 讨论者：×教授是这方面的专家啊，我基本上同意他的意见。就是说你这个研究听起来是描述性的，没有解释。

2. 汇报者：对。

3. 讨论者：那么你再想做深的话，你应该是解释的。解释的过程，比如说做 interview 啊，等等。

该例中，当前的讨论者首先指出另一位讨论者在其所属学科领域的社会身份（“这方面的专家”），高度评价了另一位讨论者的学术地位（第1个话轮）。接着，通过实施同意的言语行为表达了对另一位讨论者学术观点的认可。通过以上话语实践，讨论者维护了另一位讨论者的身份面子和素质面子。而且，讨论者还使用了“姓”＋“职称名”的职称称谓语（“X 教授”）指称另一位讨论者，建构了另一位讨论者权威的专家身份。

第三节 身份建构受社交世界的制约

社交世界包含影响人们言语交际成功与否的社会因素。学术会议分组讨论涉及的社会因素主要有权势关系、平等关系、亲疏程度、交际规范和人际和谐。它们对学者建构不同的身份有不同程度的影响。

一、受权势关系的制约

权势关系普遍存在于医患话语、法庭话语、心理治疗话语和课堂话语等机构话语中，学术话语也不例外，它主要存在于学术话语的会话结构中。学者的权势关系是会议分组讨论时制约学者身份建构的重要语境因素。

例 5-6

→1. 主持人 1：OK，对于商榷性的这种语篇，学术语篇的一个研究，还把那个什么人际和谐关系放在这里面。<u>OK，好，大家有没有什么问题</u>？（…）<u>Any questions</u>？（..）<u>难道没有什么问题吗？X 教授，有没有什么问题</u>？

→2. 主持人 2：<u>啊，先，让他们先提</u>。

3. 讨论者：那我就先，⊥那个首先，就是我觉得你选的这个题是非常有意思的……

该例中，第一位主持人首先对汇报者的研究陈述做出了总结，为接下来通过询问引发分组讨论进行了铺垫（第 1 个话轮）。然后她连续使用了四个寻求信息的问话（Pan，2013）。第一个问话使用了正反问句，因为没有得到回答，经过较长停顿后，她改变了问话的类型，使用了陈述问句。在仍然没有得到回答的情况下，经过稍短停顿后，她再次调整问话的类型，使用了否定是非问句。最后，在几乎没有等待回答的情况下她实施了正反问句。根据胡文芝（2014）对问话的类型、疑问度与支配力的归纳，第一个正反问话的疑问度比较高，支配力比较弱。第二个陈述问话的疑问度降低，但支配力加强。第三个是非问话的疑问度再次降低，但支配力更强。第四个问话虽然同样是正反问句，但因为有明确的询问对象，所以支配力最强。根据话轮转换规则（Sacks，Schegloff & Jefferson，1974），第一个问话、第二个问话和第三个问话都没有选定下一位说话人。然而，第一位主持人通过第四个问话选定了下一位说话人，在话轮关联位置（turn relevance place）进行了话轮的管理和分配，赋予了第二位主持人话语权。另外，在选定这位说话人的同时，第一位主持人对说话人使用了“姓＋职称名”的职称称谓语（“×教授”）。综上所述，第一位主持人对问话类型的使用和转换以及对话轮管理和分配是她高权势的标志。通过实施这种高权势，第一位主持人建构了第二位主持人权威的专家身份。

在第一位主持人赋予第二位主持人话语权并建构了他权威的专家身份后，第二位主持人有权且必须接着发言。但是在第 2 个话轮启动新的话语后（“啊，先，让他们先提。”），第二位主持人没有把持话语权，而是将话语权转让给参加分组讨论的其他学者。这种权利的转移降低了第一位主持人赋予他的高权势，拉近了他和其他学者的人际距离，建立了他和其他学者趋于平等的人际关系，也使他从权威的专家身份转换为作为参会成员的同行研究者身份，营造了和谐的交际氛围。

综上所述，第一位主持人建构第二位主持人的专家身份时受到当前交际语境的制约。这个语境主要涉及学者之间的权势关系。相对于汇报者、讨论者和第二位主持人，第一位主持人属于高权势的一方。借助自己的高权势，她赋予了第二位主持人高权势，建构了他权威的专家身份。第二位主持人借助这种高权势，利用话轮分配技巧，降低了自己的高权势，将自己权威的专家身份转换为作为参会成员的同行研究者身份。

二、受平等关系的制约

权势关系和平等关系是相互对应的社会关系。“说话者自我夸奖、提出请求、指责贬低对方、抱怨谩骂对方、表示感谢，都会使自己的位置高或低于听话者，形成不平等，或不对称；另一方面，从听话者的角度看，他决不会对这种不平等状态采取熟视无睹的态度，他希望保持对称(即平等)。”(王虹等，1994：5）在学术会议的分组讨论中，除了利用权势关系，学者也可以通过建立平等关系实现身份建构。

例 5-7

→1. 讨论者：刚才听你讲，我觉得你可能（..），可能基于你自己收集的语料吧？

2. 主持人：对。

→3. 讨论者：属于限制于，我觉得咱们这个外语的，或者文科的这种东西，中国文化的语境下的？

4. 主持人：对。

→5. 讨论者：那你在国外参加那么多的学术会议，还是有这种文化差异？

6. 主持人：对，有文化差异。

该例中，讨论者一共使用了三个寻求信息的问话（Pan，2013)。第 1 个话轮的问话为肯定是非问话（“……可能基于你自己收集的语料吧?”)，第 3 个话轮和第 5 个话轮的问话均为陈述问话（“……中国文化的语境下的?”和“……还是有这种文化差异?”)。主持人在当前话语活动中的话语角色是汇报者。所以，针对这三个问话，他在第 2 个话轮、第 4 个话轮和第 6 个话轮都通过简单肯定答话给予了应答。而且，讨论者将前两个答话均视为“充分性答话”（胡文芝，2014：101)，所以才依次实施了下一个话语行为。从问话的角度来说，相比第一次的肯定是非问话，后两次陈述问话的疑问度较低（胡文芝，2014)。从答话的角度来说，三次答话都是简单肯定答话。所以，结合这三个相邻对中的一问一答可以发现，讨论者和主持人主要表达了自己对当前话语内容的关注、倾听和理解，确立了相互的平等关系，建构了彼此的研究者身份。

三、受亲疏程度的制约

除了权势关系和平等关系，社会距离也反映社会关系。它是社会个体“所感知的相对空间。”（肖涌，2004：75）当这些社会个体开展言语活动时，他们在交际中的距离分为人际距离（亲疏程度）和空间距离

(Brown & Levinson, 1987)。在学术会议的分组讨论中，学者的身份建构会受到他们亲疏程度的制约。

例 5-8

→1. 讨论者：你这个研究它是不是 focus，⊥就是跟踪了一个人的？

2. 汇报者：对，实际上我是跟踪了三个人，今天这里分析的是拿其中的一个人。

→3. 讨论者：那你就是说这个过程中，你调查研究的资料，你是怎么样⊥通过什么方式来掌握它的这个过程呢？

4. 汇报者：呃，这个是从他的，因为之前我就已经跟他沟通好，就是说他是有要去发表 SCI 的这个意愿的。那么从他的选题开始，我们是进行了全程的跟踪，包括他的 first draft，一直到他的 final version (..) 那么，在整个的选题过程中，首先是他的过程性的文本的收集，其次是在他每周会有写一个叫做 journal log，那么会对他本周的这个写作，因为我关注的是引用，所以他会对它的引用进行一个特别的注释，我会列一个 questionnaire 让他去填。那么此外，还会有这个访谈，没有是一个 weekly base，但是呢，因为这个时间不太好协调，大概就是一个月两次左右，这样一个频率，那么会是一个 text-based interview 去，那么在做这个 text-based interview 的时候，会用基于他首先是过程性的写作的文本，其次还有包括他的这个 journal。

→5. 讨论者：确实这个需要和受访人的关系非常好。

6. 汇报者：是的。

→7. 讨论者：所以数量就很难顾得到。

→8. 汇报者：是的，您说得非常对。

→9. 讨论者：只能说是不是有其他的方式来进行这个过程的数据的提取？它可能会扩大一点你的研究范围。

10. 汇报者：对。

该例中，讨论者在第 1 个话轮和第 3 个话轮分别使用了寻求信息的问话 (Pan, 2013)。第一个问话是正反问话，第二个问话是宽式特指问话。正反问话的支配力适中，宽式特指问话的支配力最弱（廖美珍，2003）。

不仅如此，讨论者在这两个问话中四次使用了第二人称“你”来指称汇报者，表现出亲近、随和（何雅媚，2009）。因此，总的来说，讨论者在会话的开始注意到了人际距离，体现了亲和的一面。对于讨论者的这两次问话，汇报者第一次给出了“扩展性肯定答话”（胡文芝，2014：103）（第 2 个话轮），第二次提供的是全息式应答（廖美珍，2003）（第 4 个话轮），这些都表现出了高度合作。随即，讨论者对汇报者的第二次应答予以解述（第 5 个话轮）和实施了陈述性的断言（第 7 个话轮）。所以，讨论者不仅通过解述和陈述建构了自己权威的专家身份，还和汇报者保持着一定的人际距离。对此，汇报者对讨论者的陈述表示了赞同，并实施了评价的言语行为，对讨论者在第 7 个话轮陈述的命题内容（“所以数量就很难顾得到。”）给予了积极评价（第 8 个话轮），也建构了自己的专家身份。但与此同时，为了礼貌和客气地尊称讨论者，汇报者使用了敬称语（“您”）。通过使用这个敬称语，汇报者不仅建构了对方有资历的专家身份，而且有意拉近和讨论者的人际距离，满足讨论者在会话中所期望构建的自我身份。在这种亲疏程度发生变化的情况下，讨论者既选择进一步通过支配力大小适中的正反问话来实施建议的言语行为（第 9 个话轮），又提供了给出建议的理由。另外，在提供理由的同时，讨论者还使用了模糊限制语（“可能”）这个“中势确信度标记语”（袁周敏，2015：92）来减弱命题的语力。综上所述，受到讨论者和汇报者之间亲疏程度变化的影响，讨论者建构的专家身份从强调权威性转向表达亲和力。

四、受交际规范的制约

在社交世界里，学术会议的分组讨论属于一个特定的场景。这种正式的交际场合通常具有既定的程序，体现着一定的严肃性和规范性。所以，学者在进行言语活动的同时，需要考虑分组讨论的交际规范，而这些交际规范也会对他们的身份建构产生制约。

例 5-9

……

1. 汇报者：其实我后来用了个▲

→2. 主持人：　　　　　　　▼那这样子好吧，那个，×老师，我们会后继续再说，（笑）这已经超时了。我这个主持人，都非常▲

3. 讨论者：　　　▼嗯，好。

因为本身话语角色的特殊性，主持人必须遵守学术会议分组讨论设定的交际规范。例如，讨论开始前明示时间限定；讨论接近结束时予以提醒；预定时间如果已经到了但讨论仍在继续时，解释超时，必要时礼貌打断或中止。该例中，主持人表现出对以上交际规范的遵守（第 2 个话轮）。他不仅做出清楚的提示（“……这已经超时了。”），还通过采用“姓”＋“职业名”的职业称谓语（“×老师”）对汇报者进行了礼貌的打断。在这些交际规范的制约下，主持人使用第一人称指示语（“我们”）建构了汇报者和自己都是参会成员的研究者身份。通过这种建构，主持人不仅遵守了学术会议的交际规范，还维护了学者之间的交际权（“……会后继续再说，……”）。

五、受人际和谐的制约

在学术会议的分组讨论中，学者对彼此人际关系的管理呈现和谐取向。具体来说，说话人重视自己和对方或他人的人际关系，希望引起这种关系的积极变化，进而促进人际和谐。学者在这种和谐取向的影响下实施了身份建构。

例 5-10

……

→1. 主持人 1：那我们待会，后续再讨论。

2. 主持人 2：好。

→3. 主持人 1：因为她这个话题太好了，▲

4. 主持人 2：　　　　　　　　▼是，是。

→5. 主持人 1：所以我就舍不得中断。（集体笑）

6. 汇报者：没有，没有。

7. 主持人 1：谢谢。

→8. 汇报者：可以下来多跟我提建议啊。

该例中，在规定时间已到且汇报者刚刚结束自己话轮（话轮关联位置）的情况下，第一位主持人直接提出中止讨论（第 1 个话轮）。与此同时，受和谐一维护取向的制约，第一位主持人不仅使用了第一人称（“我们”）建构彼此作为参会成员的研究者身份，还维护了自己和对方当前的人际关系，尊重了汇报者的交际权（“……待会，后续再讨论。”）。通常，这时讨论会在第二位主持人表示赞同后结束（第 2 个话轮），但第一位主持人有意增强自己和汇报者的和谐关系，所以，他通过实施评价的言语行为（“因为她这个话题太好了”）建构了自己的专家身份，对汇报者的研究给予了高度的评价（第 3 个话轮），并进一步强调之前的中止只是出于对会议交际规范的遵守（“……舍不得……”）（第 5 个话轮）。第二位主持人也通过打断进行了附和（廖美珍，2009a）（第 4 个话轮）。对此，汇报者了解到两位主持人（尤其第一位主持人）希望彼此人际关系发生积极变化的意图。她首先遵守谦虚准则（Leech，1983）（第 6 个话轮），接着在第一位主持人表达感谢后（第 7 个话轮），通过寻求建议的言语行为（“可以下来多跟我提建议啊”）也建构了自己作为参会成员的研究者身份，最终推动了彼此人际关系的进一步发展。

第四节　身份建构受物理世界的制约

相关研究已经开始关注物理世界对身份建构的制约（任育新，2014；袁周敏，2015）。结合本研究的语料可以发现，物理世界中的发话人与释话人、言语的“物质”条件尤其需要予以考察。

一、受物理世界中的发话人与释话人的制约

在学术会议的分组讨论中，发话人有时不仅针对受话人发话，还需要考虑其他在会场倾听讨论的释话人的参与。基于这种考虑，参加讨论的学者会实施身份建构。

例 5-11

→1. 主持人 1：好，我们后面还有半个小时的时间，因为，下面一个 presenter 没有来。还有半个小时，但是它要严格▲

→2. 主持人 2：▼也许出去玩了（集体笑），我们继续。

→3. 主持人 1：（笑）要严格，要严格按照这个时间，所以我们需要半个小时以后开始下面一个。好，那大家也可以，就刚才的两个再继续讨论，也可以休息一下。

该例中，物理世界的发话人和释话人包括第一位主持人、第二位主

持人和其他在会场倾听讨论的参与者。第二位主持人在第 2 个话轮的话语内容（“也许出去玩了”）以及紧随其后的副语言特征（“集体笑”）说明，此时第二位主持人和其他释话人都对第一位主持人在第 1 个话轮的话语内容给予了回应。所以可以判断，第一位主持人和第二位主持人通过使用第一人称(“我们”）建构了自己、对方和他人作为参会成员的研究者身份。

二、受言语的“物质”条件的制约

言语的“物质”条件并不总是对身份建构具有制约性。但在一定情况下，它也会对身份建构的种类及其话语实践类型产生影响。

例 5-12

……

→1. 主持人：××老师什么时候进来的？我都不知道。

→2. 讨论者：我来得比较晚，不过提到我名字，我借机问点问题啊……

该例中，在主持人启动话轮之前出现了一位会议参与者中途进入分组讨论会场的情况。在这种言语“物质”条件的影响下，主持人随即使用了“姓名”＋“职业”的职业称谓语（“××老师”）对他进行了指称(第 1 个话轮)，建构了这位学者的教师身份。不仅如此，通过这种身份建构，这位会议参与者被主持人分配了话语角色。他从第 2 个话轮开始作为讨论者加入分组讨论中（“……不过提到我名字，我借机问点问题啊”）。

第五节　身份建构受交际语境的多重制约

以上从学术会议话语的会话局部结构分别考察了每种交际语境要素对学者身份建构的制约性。本部分将从会话的整体结构分析不同交际语境要素对学者身份建构的共同制约。

一、受交际规范、面子因素和人际和谐的制约

在学术会议分组讨论的会话整体结构中，学者的身份建构可能受到交际语境中心智世界和社交世界的综合制约。其中，交际语境要素包括

交际规范、面子因素和人际和谐。

例 5-13

→1. 主持人：好的，在听了×老师的这个报告之后，大家看有没有什么问题？

→2. 讨论者1：那我先说一下。首先你的研究还是做了很多的，但是我觉得就是你的水平组划分是有问题的。(..) 你水平组是什么专业的？××大学的学生，你强行把他们分为高低水平组，其实他们水平都差不多，不会相差很大。

→3. 汇报者：呃，它是这样的，中级组只能选，比如说体育学院或者影视艺术学院的，熟练组就是英语专业的。当然是因为我没把这个事情讲清楚，不是同一个院系或同一个专业的学生，是这样的。

→4. 讨论者1：还有一个就是这个英语语用的定义和英语水平是不一样的，有很多因素在里面，不像研究语法和研究阅读能力，这些很简单。如果是说变化很多，那么这些很多的变化你必须去谈，去做，你的研究一个问题就是没有用 triangulation 去做。用 triangulation 去做呢，才会挖得更深。如果你把结果呈现出来又没有什么东西，什么都不知道，那么论文的价值就会大大地降低。第三个就是做，做 factor analysis 的地方是有问题的。你做的时候，⊥你开始步骤是没有问题的，但是后面你说 {……} 是五个 factors，不要那么多，你就减了两个 factors，把其他几个问题删掉，这个就会影响检验结果。当然你可以去说，你为什么这样处理。如果你做了 factor analysis，通过 factor analysis 把一些题目可以删除的话，那你这个问卷就有偏颇了，你只是涉及到其中几个 factors，其他就没有讲。而我们说你讲语用能力的时候呢，你有 cover 到 {……} 哪些地方，对不对？所以你这语料，你一做 factor analysis 反而画蛇添足，把你的论文的质量降低了。(…) 就说当你的研究目的，你说我的研究目的就是发现里面的一个小部分，那你做 factor，把你的 questionnaire 那部分 reduce，那没问题。还有你的分析，你的分析讲得太快了，所以一些，frequency 做 ANOVA 是不行的，不能去做的。因为它的总量是不对的，你看你用 frequency 做 ANOVA 肯定是会出问题，人家不会信服，所以说你最多是用 questionnaire 去做。你看那数据都是用 ANOVA 来做，所以这是有问题的。还有一个你没有讲，你没有分析 coding reliability。你的文章最至关重要的是 coding，这个你不告诉读者说你的 coding reliability 是什么样子的，那人家是不敢相信你这理论的。我就给你提点建议，不妨用一些 oral 去做，或者用 role play 去做，会更真实一点。大概说一下。

5. 汇报者：谢谢。

6. 讨论者 2：我现在提两个小建议啊。第一个就是你说水平分组，刚刚你谈到，我想你这分组好像产生不同的标准，高水平，中低水平，突然加一个熟练水平，好像两个不同的标准在区分这个水平。通常我们说在心理学领域分熟练和非熟练，高水平、低水平、高中低水平。你这突然加一个熟练，我不知道你这熟练与中级、高级是什么关系，这个我觉得你是应该高、中、低。

7. 汇报者：对，高、中、低。

8. 讨论者 2：对，要么你就高、中、低、要么就熟练、非熟练。一个高级、中级，还有一个熟练水平，我觉得在研究范式里从来没有看到这样子的。第二个小问题就是说，你做一个｛……｝，对不对？｛……｝是没有差异的，你还做一个｛……｝干什么呢？（笑）既然都没有效益，还做｛……｝那肯定是没有效益的，是吗？我就是这两个小建议，因为你是小文章嘛，所以我就提一点具体建议。

9. 讨论者 1：还有一个就是说，你说很多是出乎你的意料，其实这个语言水平与语用能力，其实它有时候是扯不上的，有时候就是，⊥正是你这种水平，你可以集中在一个阶段的。就是之前X老师提到过的，有的研究中受试对象的语言水平和语用能力是不成正比的，可是有的研究发现语言水平和语用能力呈正相关。其实我跟一些研究者都讨论过，我说为什么我的没有呢，你们有呢？他们说可能是你的受试群体呢，可能故意{……}。因为语用能力受你的水平啊、背景啊，什么的影响。所以说出乎你的意料，可能估计你原先看的书看得不是很多，你了解的时候就知道这些，就会产生这种感觉，这一点都不奇怪。你在讨论的时候就应该提到这种情况，你没有讨论。

10. 汇报者：哦。

→11. 主持人：好的，那由于时间关系，我们接下来10点40在××××（会场名）还有主旨发言，谢谢。

12. 汇报者：好的，谢谢。

该例中，在会话的第1个话轮，主持人遵照学术会议分组讨论的交际规范，利用汇报者的研究陈述引发其他学者的集体讨论。他首先使用了“老师”的职业称谓语称呼汇报者，表达了对对方的尊敬和对对方职业的认同，建构了对方的教师身份（第1个话轮）。所以，受分组讨论的交际规范制约，主持人建构了汇报者的教师身份。

在接下来的第一个问题协商序列（第2个话轮到第5个话轮），第一位讨论者建构了自己的专家身份（第2个话轮和第4个话轮）。在话语内容方面，讨论者直接指出汇报者研究中的问题和不足，提出合理的解释，表明了他专业的学术科研能力。比如，讨论者认为汇报者用频率做方差分析的做法存在问题并且给出了理由（“因为它的总量是不对的……”）。在话语形式方面，讨论者主要通过实施言语行为序列（廖美珍，2003）树立了自己专家身份的权威性。其中，前导行为包括陈述性的断言（如“还有一个就是这个英语语用的定义和英语水平是不一样的……”）和责备（如“……你的研究一个问题就是没有用 triangulation。”），而核心行为是建议（“我就给你提点建议，不妨用一些 oral 去做，或者用 role play 去做，会更真实一点。”）。

但是，第一位讨论者不仅建构了自己权威的专家身份，还考虑到了对汇报者素质面子（Spencer-Oatey，2007）可能造成的威胁（第2个话轮)。因此，他在词汇层面通过使用表达个人观点的模糊限制语（“我觉得”）体现了他的亲和力。在句法层面，他在批评汇报者研究方法的同时，还对汇报者的学术能力给予了肯定。这种积极肯定之后的批评或者指出问题和 Webber（2002）发现的学术会议话语的句法特征（Yes/But）类似。汇报者本人也感觉到了第一位讨论者建构的专家身份给自己的素质面子带来的威胁，所以在第 3 个话轮，他对于第一位讨论者的宽式特指问话（廖美珍，2003）进行了“扩展性答话”（胡文芝，2014：103）。通过这种扩展性答话，汇报者不仅给予了相应的叙述，而且做出了进一步说明（“当然是因为我没把这个事情讲清楚……”），建构了自己是新手的研究者身份。通过以上这些话语实践可以发现，受到面子因素中素质面子的制约，第一位讨论者建构了自己亲和的专家身份，与此同时，汇报者也建构了自己是新手的研究者身份。

在会话的结束序列（第 11 个话轮和第 12 个话轮），主持人再次遵照学术会议分组讨论的交际规范，提醒互动参与者集体讨论的时间有限，需要结束讨论进入下一个会议环节。但与此同时，这种礼貌的中止仍然可能威胁到汇报者和讨论者这些话语角色的身份面子。所以，为了降低这种面子威胁，构建和谐的人际关系，主持人使用了第一人称（“我们”）来建构彼此作为参会成员的研究者身份。

综上所述，在会话的开端，受学术会议分组讨论交际规范的制约，主持人建构了汇报者的教师身份。在问题解决阶段，受社交世界面子因素中素质面子的制约，第一位讨论者建构了自己亲和的专家身份，而汇报者建构了自己新手的研究者身份。在会话的结尾，受人际和谐和面子因素中身份面子的影响，主持人建构了分组讨论的学者作为参会成员的研究者身份。

二、受交际规范、亲疏程度、面子因素和人际和谐的制约

除了交际规范、面子因素和人际和谐，亲疏程度也可以制约学术会议分组讨论中学者的身份建构。这些交际语境要素在学术会议分组讨论的会话整体结构中共同制约着学者的身份建构。

例 5-14

→1. 主持人：好，感谢<u>×教授</u>精彩的报告。那么接下来看大家有什么

问题？

→2. 讨论者1：{……} 现在就说一下维特根斯坦，他在他的哲学研究里面抛出来一个鸭兔图的问题，就是说一幅图从这个角度看是一个鸭，从那个角度看是一个兔。×老师，我的问题就是，维特根斯坦在下面解释说，这个就是因为“看”这个词的用法不一样，才造成了不同的人，看这一幅图给他一个不同的结果。(..) 然后就是想请教一下老师您，对于维特根斯坦他这个“看”的用法，您觉得是从语言游戏这个层面解释，还是从 form of life 这个层面解释？因为我看到现在有文献里面既有人从 language game 这个角度解释，又有人从 form of life 这个角度解释。

→3. 汇报者：你这个问题要看他是早期这样讲，还是晚期这样讲。具体要看他用这个例子解释什么东西，不知道是用来支持他早期的理论还是支持他后期的理论。那么早期的理论有一个共同的问题，{……}。就是很多哲学思想提出来了以后，都是给别人展示，一旦他把自己这套理论运用于他自己，这个逻辑本身就成了一个问题。维特根斯坦，他的早期的理论大概是对他一个很重要的批评，就是他个人时代 {……}。一旦他的这一套东西，图像理论的问题，把他这个应用于他自己的层面，什么是大命题，什么是子命题，什么是子子命题，他自己没有办法弄的，所以他自己这个理论实际上是有问题的。

4. 讨论者2：老师，我想问一个问题，就是这个哲学理论经常讲到结构主义、建构主义和解构主义，目前语言游戏里面是不是也有类似的说法？

5. 汇报者：有的，建构主义呢，不是在哲学里面讲的，建构主义最早是皮亚杰讲的。小孩子的认知发展，后来是发展到比较多的其他的领域，这是建构主义。而结构主义是什么呢？(..) 结构主义讲究一个稳定的结构体系，而解构主义认为这个体系本身是主观造出来的。这个现在影响也是很大的。

→6. 讨论者3：我说一点我个人的。比如说刚才××同学问了那个问题，我之前和他交流过，他问的是纯哲学的问题，我说你这个文献是在哲学领域的期刊上看到的，还是在语言学的期刊上看到的，这个很关键的。他说在语言学的，而且是中文的期刊上看到的。那我说呢，(..)作为我来说，我是这样看这个问题的，如果我想在一个哲学层面上去探讨一个问题，尤其是想走得深一点，我一定会去看哲学领域的那个核心期刊，或者是权威期刊对这个问题的探讨，而非在语言学期刊上，尤其是中文的很多期刊都是直接borrow，从国外的一些东西弄过来的，同时又在一个非专业领域的期刊上发表的，所以像这样的比较难说。那×老师呢，他首先是一个语言学家，只是以语言学家的这个身份去思考这些个问题，但是你要问他很高深的这个，是有点不太合适，对不对？那么也不一定都能够回答，对吧？我说一点我个人的想法啊。我的个人感觉是这样的，一个研究要想做得深，一个是方法，一个是理论高度(…)。那么这个理论高度呢，可以从很多学科里，包括哲学上。例如说文学的很多研究，刚才×老师提到了，文学的很多研究，它如果是能够作为交叉学科，它里面肯定绕不开哲学的解释，对吧？所以呢，也就是说很多哲学大家他们对于语言学的很多方面都曾经论述过，那么你把他们的一些思想拿过来，看看有没有一致性和差异性，还是什么的，那可能对于我们一些研究，尤其是一些讨论可能是有一些理论层面的指导影响的，这是第一个。第二个呢，(..)×老师今天提了很多，哲学流派当中提到了沃尔夫。沃尔夫曾经有一个叫做Sapir Wolf Hypothesis，这个呢，是一个很老牌的，很早的一个理论了。但是像今天×老师您提了很多很多流派当中，我注意到了现在就是产生了一种叫New Wolf的这么一个学派。那么这个新沃尔夫的学派呢，它为什么会又翻起来了？过了这么多年又翻起来了，又火了？那是因为它关注的那个点跟其他的有点不一样。(..) 因为它关注的语言、思维之间的关系，谁影响了谁，这样一个关系，对吧？那么由于现在，⊥因为那时候拍脑门出来的，对吧？但是现在比如说它有计算机科学，它有认知、心理。各个方面都发达了，手段上，一些新的发现上都有很多进展。因此呢，就又来看到底是语言和思维这个之间的关系，那么就我知道的，因为现在有很多从认知心理层面，比如说从人的手势、人的表情，人的什么……这些方面插入来进行研究。它发现实际上不单从原来的传统意义上沃尔夫主义那个说法，思维决定语言，因为它现在还有发现不同语言不一样的，对吧？那么这时候可能就认为可能这两者的关系是一种 (..) interactive relationship。现在国际上学术界新沃尔夫主义非常火，我们可以关注一下。

→7. 主持人：好的，那么早上的部分基本上到这里结束了，我觉得对于语言哲学，这是非常重要的一门语言学研究，也是我们知识体系重要的一块。(..) 通常对很多老师来说，对于我个人也是这样的，特别是我们是教学一线的，常常这一块因为平时我们不太关注，所以今天我们最后感谢一下×老师。谢谢大家。

此例中，在会话的开端（第1个话轮），主持人遵照会议分组讨论的交际规范，基于汇报者的研究报告鼓励其他参与者积极讨论。因此，她首先使用了“教授”这一职称称谓语称呼汇报者，表达对对方的敬仰，建构了对方权威的专家身份。所以，受分组讨论的交际规范制约，主持人建构了汇报者权威的专家身份。

在接下来的第2个话轮，第一位讨论者首先使用了职业称谓语（“老师”）称呼汇报者，建构了对方的教师身份。接着在再现对方的教师身份时，为了礼貌、客气地尊称汇报者，除了保留职业称谓语（“老师”），还增加了敬称语（“您”）。通过使用这个敬称语，讨论者有意拉近了和汇报者的人际距离，满足了汇报者在会话中所期望构建的自我身份。对于讨论者在第2个话轮的选择问话（“……您觉得是从……，还是从……？”），汇报者因为受到讨论者营造的彼此亲疏关系的制约，所以即使无法针对问话的疑问点做出应答，仍然采取了积极的应对。具体而言，结合自己对维特根斯坦早期理论以及图像理论的了解，汇报者努力给予了讨论者帮助，并通过阐释相关知识和实施陈述性的断言（“……所以他自己这个理论实际上是有问题的。”）建构了自己在所属学科内的权威专家身份。

在整个会话的第 6 个话轮，第三位讨论者注意到在第一个问题协商序列（第 2 个话轮和第 3 个话轮）中，因为第一位讨论者的答话没有得到汇报者的应答，所以第一位讨论者可能威胁到汇报者的素质面子(Spencer-Qatey，2007)。对此，她首先使用职业称谓语（“老师”）称呼汇报者，建构其教师的身份。同时，根据紧接着的话语内容判断，她重点强调汇报者是语言学家，并连续使用两个附加问话（廖美珍，2003)（“……对不对？”和“……对吧？”）实施间接的表断言的言语行为，其表示的“肯定”具有强于一般陈述的语力（黄萍，2014)。因此，通过这些话语实践可以发现，考虑到第一位讨论者可能威胁到汇报者的素质面子，第三位讨论者建构了汇报者在其所属学科内的权威专家身份。

最后，在会话的结尾（第 7 个话轮），主持人再次遵照学术会议分组讨论的交际规范，提醒学者们早上的讨论结束。但与此同时，这种礼貌性中止还是可能威胁到汇报者和讨论者这些话语角色的身份面子，影响和谐的讨论氛围。因此，通过使用第一人称（“我们”），主持人不仅建构了彼此作为参会成员的研究者身份（“……也是我们知识体系重要的一块。”和“……所以今天我们……”），而且建构了彼此作为教师群体的成员身份（“……特别是我们是教学一线的，常常这一块因为平时我们不太关注……”）。通过建构这些身份，主持人降低了对参加分组讨论的学者们的面子威胁，拉近了彼此的人际距离，营造了和谐的人际关系。

综上所述，在会话的开端，受学术会议分组讨论交际规范的制约，主持人建构了汇报者权威的专家身份。在第一个问题协商序列，受社交世界亲疏程度的制约，第一位讨论者建构了汇报者受人尊重的教师身份，与此同时，汇报者也建构了自己的权威专家身份。除此之外，在问题解决阶段，受社交世界面子因素中素质面子的制约，第三位讨论者建构了汇报者在他所属学科内的权威的专家身份。最后，在会话的结尾，受人际和谐和面子因素中身份面子的影响，主持人建构了参加分组讨论的学者们作为参会成员的研究者身份。

第六节　小结

除了身份建构的可选择性和可变性，身份建构的语境制约性也是身份建构动态性的一个重要特点。本章通过分析身份建构的语境制约性比较全面地解释了身份建构的动态性。首先，本章阐述了语言顺应的交际语境和关系管理模式。在此基础上，确定了本研究针对身份建构需要考察的交际语境要素。接着，分别探讨了交际语境中的心智世界、社交世界和物理世界的相关语境因素对分组讨论中学者身份建构的制约。这三个方面主要涉及心智世界的情感和面子，社交世界的权势关系、平等关系、亲疏程度、交际规范和人际和谐，物理世界中的发话人与释话人、物理世界的言语“物质”条件。最后，需要指出的是，在真实的学术会议分组讨论中，以上交际语境要素通常共同制约着学者的身份建构。而且，身份建构的可选择性、可变性和语境制约性都以学者的交际目的为导向，所以下一章将进一步探讨身份建构的目的性，从根本上解释身份建构的语用动因。

第六章　身份建构的目的性

第五章通过论证身份建构的语境制约性比较全面地解释了身份建构的动态性。具体来说，根据身份建构的交际语境要素，从会话的局部结构和整体结构两个层面说明了身份建构受到交际语境中的心智世界、社交世界和物理世界的制约。本章论证身份建构的目的性，进一步从本质上解释身份建构的动态性。首先，简要回顾语用身份（建构）和交际目的、目的原则和语境动态性的相关研究。接着，基于这些相关研究，从理论上论证学者的身份（建构）是以交际目的为导向。第三，结合现实生活中的学术会议话语，从会话的局部结构层面考察以目的为导向的专家身份建构，从研究者身份建构和教师身份建构，从会话的整体结构层面分析以目的为导向的多重身份建构。最后，对本章进行小结。

第一节　身份建构和目的

一、语用身份建构和交际目的的关系

语用学不仅关注交际者交际目的的实现（Leech，1983；Verschueren，1999），还强调语用身份（建构）和交际目的[①]实现的相关

① 在不同学者的研究中，对交际目的、交际目标、交际需要有不同的界定（陈新仁，2004；任育新，2013b；袁周敏，2015）。在陈新仁（2004：43）的研究中，交际需要（communicative needs）指的是“影响交际者在交际某一阶段选择交际内容与方式的各种需要”。在任育新（2013b）的研究中，和建构身份相关的交际需要分为主要需求和次要需求，前者指要实现的最终交际目标，而后者指要实现的人际意义需求。在袁周敏（2015：12）的研究中，交际目的、交际目标、交际需要均指“说话人或者听话人的交际目标”，属于同一个意思的不同表述。本研究采用袁周敏（2015）的以上界定，在表述上对交际目的、交际目标和交际需要（交际需求）不作区分。

性（陈新仁，2013b；何自然，2015；袁周敏，2015；任育新，2015）。何自然（2015：12-19）认为语用身份建构的目的就是交际双方在日常对话中为了实施“什么山上唱什么歌”的策略，做到看人说话、看事说话和看语境说话；只有在对话中不断因社会、文化、心理因素，调整说话人的身份或扮演的角色，做到相互配合，交际才会成功。以往这些相关研究的主要观点包括：

①目的性是语用身份（建构）的特性之一（陈新仁，2013b）。交际者选择、建构和转换不同语用身份的同时，实际上是以其交际需要为最终导向，使用这种动态的会话策略，力求和其交际需要相呼应，增加其交际目的实现的机会，以便更好地为实现其交际需要服务（陈新仁，2013b；袁周敏，2015）。

②交际目的的本质是其动态性，而身份建构则是实现交际目的的手段，因此为了增加交际目的实现的机会，作为交际目的实现手段的身份建构因为交际目的的动态性而具有动态顺应性特征（袁周敏，2015）。

③除了动态性，在具体的话语活动中，交际目的还表现出层级性（任育新，2014；袁周敏，2015）。它可以被分为既定交际目的和即时交际目的，其中即时交际目的根据语境发生变化，其数量和实现呈线性排列，最终促成既定交际目的的实现（袁周敏，2015）。它也可以被分为主要目的和次要目的；通常，主要目的是最根本的，次要目的是临时性的，后者为前者服务；有时主要目的和次要目的相同（任育新，2015）。

以上关于语用身份（建构）和交际目的关系的研究不仅强调了交际目的是语用身份（建构）的一种特性，而且特别指出了交际目的的层级性和动态性。所以，这些论述为本研究确定学者身份（建构）是以交际目的为导向提供了理论指导。

二、以目的为导向的身份建构

除了语用身份（建构）和交际目的的关系研究（陈新仁，2013b；何自然，2015；袁周敏，2015；任育新，2015），目的原则还指明“目的是语境的组成部分，而且是核心部分”（廖美珍，2010：1）。基于这一点，目的原则对语境的动态性和动态过程做出了具体阐释。目的原则的主要内容可以归纳为以下四个方面（廖美珍，2010）：

①目的是动态性之源。构成语境核心部分的目的要素具有动态性，语境的其他组成成分随之变化。

②目的追求是一种动态过程。通常，言语交际的互动参与者在具体的语境中有一个相对明确的总目的。说话人对其目的的追求是语境动态性的根本原因和动力。

③言语行为目的选择具有动态性。它表现为说话人选择的动态性和听话人选择的动态性，前者在于启动话语的选择性，后者体现于对反应的选择。

④目的和话语都具有可预测性和不可预测性。它们之间的互动及辩证关系是话语动态性的一个来源。无论是可预测性还是不可预测性，话语都是在目的驱使下展开，是一个追求目的的过程。

综上所述，参照目的原则对语境动态性的研究，结合语用身份（建构）和交际语境中交际目的的关系，本研究认为学者的身份（建构）以目的为导向，受交际语境的制约；学者身份（建构）的可选择性和可变性体现学者身份（建构）的动态性。具体阐释如下：

①学术目的是学者身份（建构）动态性的根源。已有研究表明目的是身份建构的一种特性（陈新仁，2013），而且学术目的与学术话语参与者的身份建构有关（孙咏梅，2013）。不仅如此，目的性是人的（行为的）根本属性，目的要素是动态的（廖美珍，2009c，2010）。所以，对于学术话语而言，处在其交际语境核心部分的学术目的是根本性因素，它具有动态性，是交际语境动态性的根本原因和动力。学术目的引起交际语境其他要素的变化，而且这些交际语境要素对身份建构具有制约作用（见第五章）。

②对学术目的的追求导致学者的身份建构是一个动态过程。“目的导向”(goal orientation) 是机构话语的核心特征（Drew & Heritage，1992)。学术话语是专长和声望的载体，它被用以构建知识、促进学者和学科的发展。它本质上以学术目的为导向（Limberg，2008)。这一目的总的来说就是学者通过学术话语分享和传播知识、交流信息，并在此基础上建立自己的声望，从而使自己能够成为学术共同体接纳的一员。但是，在这个总目的之下，对于通过学术话语开展的交际活动而言，不同阶段有具体的交际目的，可能是子目的、子子目的、子子子目的……（廖美珍，2010），也可能是主要目的和次要（辅助）目的（廖美珍，2005a；任育

新，2015)，还可能是即时交际目的（袁周敏，2015)。学者身份建构是一个动态过程的根本动因在于学者希望实现不同阶段的具体交际目的而最终达到总目的（见第六章)。

③学者身份建构的目的选择呈现动态性，它反映在两个层面。首先，为了达到总目的，学者会设计交际活动不同阶段的具体交际目的（见第六章)。其次，为了实现这些具体的交际目的从而最终达到总目的，学者的身份建构表现为可选择性和可变性。具体而言，身份建构的类别及其话语实践类型具有可选择性（见第三章)，这种可选择性进一步反映在会话的局部结构和整体结构中，从而使身份建构具有可变性（见第四章)。所以，学者身份建构的目的选择呈现动态性，这种动态性不仅反映在对具体交际目的的可选择性，还表现为学者身份建构的可选择性和可变性。

第二节　以目的为导向的专家身份建构

在学术会议的分组讨论中，学者建构专家身份时表现出目的性。这种目的性主要体现为建构专家身份是为了建立“学术领地”、优化知识体系、消除学术交流障碍。

一、建立“学术领地”

除了客观传递学术知识和阐述研究成果，参加学术会议分组讨论的学者还会表达自己的个人观点和立场，引发彼此深入思考。为了达到这个目的，他们通常建构自己的专家身份。

例 6-1

→1. 汇报者：……而且其实我觉得我的研究也还是要涉及访谈。

→2. 主持人：为什么要访谈呢？我觉得访谈已经没有办法找到作者本身这些东西。

→3. 汇报者：因为有 E-MAIL 可以联系。

此例中，汇报者实施了陈述性的断言（第 1 个话轮)，阐述了自己的研究有待完善之处，建构了自己的专家身份。对此，主持人通过实施宽式特指问话（“为什么……?”）和表示不同意的言语行为，也建构了自己的专家身份（第 2 个话轮)。针对该问话，汇报者给予了全息式应答（廖美珍，2003）（第3个话轮）。在进行以上话语实践的同时，汇报者和主持人也通过模糊限制语（“我觉得”）表达了各自的个人观点，表现了亲和的一面。然而，根据双方整体的话语内容判断，两人分别建构了自己的专家身份，都表达或者坚持了自己的学术观点和态度，在互动性争论中“建立了自己的学术领地”（Swales，1990：119）。

二、优化知识体系

在学术会议的分组讨论中，中途可能出现加入发话人和受话人讨论的近旁参加者（见第五章第一节）。对此，原受话人有时几乎或者完全退出讨论，而近旁参加者代替原受话人成为新的受话人。这时，为了完善知识体系，参加学术会议分组讨论的学者会建构或者加强自己的专家身份。

例 6-2

→1. 主持人：你刚才那个，第一个你说那个逻辑的，你用那个 logos，我不觉得是逻辑。因为你的那个例子有很强调一大串的排比，中国人关于主食，中国人怎么怎么样，中国人怎么怎么样（..）。我觉得那个好像是 appeal to nationalism，我不觉得是逻辑。就是你刚才，因为我同意××老师的观点，因为本身它是不是算 persuasion？这个是第一点，是不是 persuasion 最后的效果是那些人都去吃那个美食了，是吗？那个可能是，但是你刚才分析这个框架，就是第一个你就说特别有逻辑，但是你那个例子就是说什么中国人，饺子是中国人的什么，什么，什么（..）。我不觉得逻辑，比如说我是南方人，对我来说那是没有逻辑的，就是饺子，不是我们南方人，成都人、四川人。所以我觉得那一串东西，它是一个排比的修辞方式，在中国的散文里特别多，那种抒情，我不觉得那是逻辑的例子，我的 personal opinion。

2. 汇报者：我的理解是它这个不是一个劝说的这种论证的过程。

→3. 主持人：我知道，但你为什么觉得它是逻辑？因为那一大串的东西全都是中国人的，是中国人的。它全都是一些 claims，它没有那个 supporting evidence，它甚至是，不 make sense to other audience，我怀疑这是一个北方人写的。

→4. 讨论者：因为它的前提就是不是跟你 argue 的。

→5. 主持人：（笑）telling，telling you。

→6. 讨论者：对，就是这个意思。它是 introduction，不是预示读者你是要 argue back，所以它就是抒情的。（..）它抒情，你怎么能跟它 argue 呢，对吧？

7. 主持人：（笑）

该例中，主持人在第 1 个话轮实施了表示反对的言语行为，通过四次使用“我不觉得是逻辑”表达了对汇报者研究内容的异议。接着，主持人在第 3 个话轮既使用了宽式特指问话（廖美珍，2003）来实施询问的言语行为（“……但你为什么觉得它是逻辑?”），也实施了陈述性的断言（“它全都是一些 claims……”）。通过这些话语实践，主持人建构了自己权威的专家身份。

针对以上主持人的言语活动，讨论者在第 4 个话轮中途加入主持人和汇报者的讨论并且提供理由（“因为它的前提就是不是跟你 argue 的”）。主持人随即在第 5 个话轮对该理由实施他人解述（廖美珍，2006），再现了自己权威的专家身份①。对此，讨论者再次中途加入主持人和汇报者的讨论，做出“扩展性认可”（胡文芝，2014：234）。扩展性认可不仅表示了认可，还给予了详述。详述部分包括实施陈述性的断言和使用无疑问话（黄萍，2014）。无疑问话的句法特征为附加问句，此处表达“否定”的语力较强，因为“这种表断言的无疑问话通常所表示的‘肯定’或‘否定’都具有强于一般陈述的语力”（黄萍，2014：72）。根据以上话语实践可以判断，讨论者建构了自己权威的专家身份。从副语言特征可以得知（第 7 个话轮），主持人对讨论者的身份建构表示了认同。

综上所述，在主持人和汇报者的讨论阶段，主持人通过实施反对、询问和陈述这三类言语行为建构了自己权威的专家身份。在讨论者中途加入他们的讨论后，汇报者完全退出讨论，而主持人和讨论者的专家身份却得以建构与再现。这种身份建构与再现从根本上是以目的为导向，不是为了质疑汇报者的学术能力，而是为了共同完善彼此的知识体系。

① 交际中可能出现对自我身份和他人身份的再现与建构（冉永平，2011：768）。

三、消除学术交流障碍

和其他言语交际活动一样，在学术会议的分组讨论中，学者之间可能出现彼此沟通不畅的情况。通过解述，学者层层推进或者相互取得认可，从而建构自己的专家身份，消除沟通障碍，实现成功的交际。

例 6-3

→1. 讨论者：我的感觉，就是这个很好，是非常有利的，特别是后面的这些对我们国家的这种建议，这个是很有见解的。那比如说，就你这个个案来说，就你这个个案来分析的话，我们毕竟这个会议是 rhetoric，就是这一场 rhetoric 的战争，按照你的分析，就是说中日的两个人，谁吵赢了？（..）就是在当地的受众的心目当中，它有什么反馈没有？

2. 汇报者：就是刚才那个，我来不及展开了。就是我这个了解一些这个媒体的反应，就像新加坡这样一些国家，它们观望了也分析，最后谁输谁赢，会对谁有利。就是说，如果就中日之间掐，对谁都不利，但是如果真打起来，是日本输得更多。

→3. 讨论者：不，不，我不是说真打不打，我就说这个吵架，这场，那个 rhetoric battle，谁的效果如何？

4. 汇报者：是这样，就是我了解了一下，就是中国，因为它那个，英语专业毕业的刘晓明，他英语口语很好，而且长得大个，气宇轩昂，坐得很（..），腰板很直，很站在正义的一方拿出事实来说话，是很给中国人提面子，有大国风范。日本这个，他就是很瘦小，然后那个腰一直是这样弯着。然后说话的时候也很慢，也很，一边想一边说，就是反应很慢，就是口语上确实不占优势。但在文章上我仔细分析了以后，他写得一点都不差，尽管他也是很狡辩，但在逻辑上非常紧密。

→5. 讨论者：不，不，我说当地的 local community，那个 readers，他们是怎么样看待这场？怎么样评估这场？谁赢谁输，谁的效果好?

→6. 主持人:就是英国的观众。

→7. 讨论者:对,对。因为它毕竟在英国,▲

→8. 主持人: ▼BBC。

→9. 讨论者:它的▲

→10. 主持人: ▼它的 audience,right。

→11. 讨论者:它的 addressee 是,▲

→12. 汇报者: ▼你说对它本身那个评价?

→13. 主持人:对,它们的效果。

→14. 讨论者:对,就谁赢了,谁输了?

15. 讨论者:比如说,你刚才说的那个,一个高大,另外一个很 humble,他可能是真的,可能是装的呢?(..)他就是想让你有那个{……}的感觉。

16. 汇报者:今天我看到一个材料,是因为他还在睡觉,安倍给他打电话来,赶紧叫起来去上这个活动。

17. 讨论者:(笑)日本人很{……},他可能就利用,所以,这个是我们的揣测,但是当地的有没有什么报界的反馈啊,评论啊?

18. 汇报者:这个我没有看到对它本身的评价,都是对整个双方局势的判断啊,未来的走向啊,就是对自己会有什么战略利益上的影响,这方面的分析比较多,就关注的人本身很少……

该例中,讨论者在第1个话轮的开头实施了评价的言语行为("……就是这个很好,是非常有利的……这个是很有见解的。")。通过这个评价的言语行为,讨论者对汇报者的研究内容给予了积极的评价。接着仍然在第1个话轮,讨论者通过两个问话对汇报者的研究内容实施了询问的言语行为。第一个问话属于严式特指问话,第二个问话是宽式特指问话。严式特指问话和宽式特指问话的支配力的大小由强到弱(廖美珍,2003)。综上所述,讨论者建构了自己权威专家身份的同时,也给予了汇报者一定的答话空间。

但是,根据汇报者答话的命题内容(第2个话轮)和讨论者在第3个话轮"对自我话语的解述"(廖美珍,2006:2)来判断,汇报者的答话没有针对讨论者问话的疑问点（黄萍，2014）。这里的自我解述使用了严式特指问句。该问句的“启发器”（廖美珍，2003：4）是“我就说”。本研究认为，这次解述不是将第一次（第1个话轮）的明说意义更加清晰化①，而是对其未明说的内容进行释义（从“……谁吵赢了?”到“……谁的效果如何?”）。通过这种解述，讨论者希望再现自己权威的专家身份，尝试解决他和汇报者之间的交流不畅。然而，结合汇报者对讨论者第一次解述的回应（第4个话轮）和讨论者对自己话语的第二次解述（第5个话轮）来分析，汇报者的这次回应仍然没有针对讨论者问句中的疑问点。这里的解述属于讨论者的再次自我解述，将原话语内容分解为更容易理解的语块。从形式特征来说，这里解述的启发器为“我说”，依次分别使用了两个宽式特指问句（“……怎么样……?”）和一个严式特指问句（“谁……?”）。两种问句支配力的大小由弱到强，说明讨论者在没有得到汇报者应答的情况下，进一步再现了自己权威的专家身份，努力解决他和汇报者之间依然存在的交流障碍。

在讨论者进行了一次询问和两次自我解述，汇报者均未给予应答后，主持人转换了自己的话语角色，中途加入讨论者和汇报者的讨论（第6个话轮），对讨论者的第二次自我解述（第5个话轮）进行了他人解述（“就是英国的观众”）（廖美珍，2006）。这次解述的启发器是“就是”。接着，讨论者在第7个话轮对于主持人的解述进行了扩展性认可②。但是，主持人接着对讨论者的第7个话轮和第9个话轮实施了连续的打断。从解述来说，主持人的他人解述比讨论者前两次的自我解述在句法结构上更为简单，在内容上更清楚。根据以往有关打断的研究（廖美珍，2004a，2004b，2009a，2013，2015），主持人在第8个话轮和第10个话轮中连续的打断从形式上采用了AB-AB（连续）型的模式，打断的位置

① 对于解述在机构话语中的语用功能，胡文芝（2014）总结了心理治疗时的核查理解、互动控制、总结归纳、传达共情、问题诊断、衡量来访者的变化、预测治疗危机、实施问话和维护面子。任育新（2012：551）则认为解述包含“将原话语的明说意义具体化；通过对原话语的进一步解释，使原话语的明说意义更加明晰化；通过对原话语进行总结以加强读者的整体理解；通过对原话语进行概括和抽象，使原话语表达的内容更专业化”。

② 对解述的“扩展性认可”指的是先使用“最小肯定标记语”表示认可，然后进行详述，或者直接进行详述（胡文芝，2014：234）。

大致在中间部分。这样连续的打断在内容上都倾向合作性，打断话语和被打断话语存在一定的和谐关系，说明主持人（急于）合作。由此可见，主持人建构了自己权威的专家身份，希望帮助解决讨论者和汇报者之间的沟通问题。

除了主持人的打断，汇报者在第 12 个话轮对讨论者的话语也实施了打断（第 11 个话轮），并且使用陈述式是非问句对讨论者的第二次自我解述（第 5 个话轮）进行了他人解述（“你说对它本身那个评价?”）。这次解述的启发器是“你说”。通过这次解述，汇报者从前两次被动回答转为主动进一步地解释讨论者的话语，使讨论者的话语需要明说的意义更加明晰化。因此，她这时建构了自己的专家身份，希望积极解决自己和讨论者之间的交流障碍。对于汇报者的这次解述，主持人和讨论者均给予了扩展性认可。

综上所述，为了避免彼此言语交际中的沟通失败，讨论者、汇报者和主持人都建构了自己的专家身份。从后续话轮（第 15 个话轮到第 18 个话轮）可以判断，讨论者和汇报者之间的沟通障碍最终解除，讨论又重新回到他们两者继续。

第三节 以目的为导向的研究者身份建构

参加学术会议分组讨论的学者会建构研究者身份。这种身份的建构主要有两个目的：劝说他人接纳学术观点和融入学术共同体。

一、劝说他人接纳学术观点

在学术会议的分组讨论中，学者之间存在互动性的争论是一种比较普遍的现象。为了尝试说服学术共同体的其他成员接受自己的学术观点，交际一方会建构自我的研究者身份。

例 6-4

→1. 讨论者：我问一下在你的 coding 框架，模糊限制语放在哪里?

→2. 汇报者：放在评价表达。

→3. 讨论者：评价表达? 但是我觉得它也是表达了一部分的人际关系。

→4. 汇报者：就是刚刚我们说到，从广义上来讲，应该讲所有的，⊥

就是学术语篇本身就是一个 interactional behavior，是吧？刚刚学姐提到的，其实所有的语篇组织我也是为了读者能够理解我的思路，我的篇章结构，就从广义上来讲，其实都是跟读者是有关的。（…）但是我们现在不是说为了分而分吧，是因为这个语篇组织和评价表达这两点相当重要，所以我觉得有必要把它单独拿出来。然后，我这里面的引发互动，其实就是比较明示的，比如出现自我指称，我怎么怎么样，或者出现了介入标记，你怎么怎么样，（..）you note，consider，see，这些就是很明显地引发跟读者互动的，其实把明示的这些拿出来也是为了凸显，就是更好地去分析这个学术语篇的人际性。

→5. 讨论者：我对这个还是有一定的质疑，因为模糊限制语已经就是说，在我看来，它表明了这个 book reviewer，或者这个 author，他其实已经在想着别的读者跟他产生互动，然后拥有这个说话的余地。我觉得在这方面来说，它叫 interpersonal 的东西。

→6. 汇报者：所以我们还要结合具体的语境，可能并不是一一对应的关系，也许就像你说的。比如说同一个模糊限制语，就是我在标注的时候也遇到这样的困惑，同一个可能它会在某一个语境下，就是互动性更加明显，而在另外一个表达它的观点，态度更加明显。就是这里面确实在分析的时候，是有这样的 overlap。

此例中，讨论者在第 1 个话轮使用了严式特指问话来实施询问的言语行为（“……放在哪里?”），对此汇报者给予了全息式应答（廖美珍，2003）。针对汇报者的应答（第 2 个话轮），讨论者在第 3 个话轮不仅追加了陈述式是非问话（“评价表达?”），还结合“我觉得”这个突出个人观点的模糊限制语（Mullan，2010）实施了陈述性的断言。所以，讨论者主要通过询问和陈述性断言的言语行为建构了自己的专家身份，但同时也表现了自己亲和的一面。

关于讨论者的询问和陈述性断言（第 3 个话轮），汇报者给予了“扩展性否定答话”（胡文芝，2014：103），直接进行了详细的解释（第 4 个话轮）。不仅如此，通过使用第一人称“我们”（作为参会成员的研究者）、泛称称谓语“学姐”（作为学科成员的研究者）和模糊限制语“我觉得”（作为个体的研究者），汇报者建构了自己的研究者身份，希望说服讨论者接受她的学术观点。

针对汇报者的扩展性否定答话（第 4 个话轮），讨论者仍然建构了具有亲和力的专家身份（第 5 个话轮）。这种身份建构涉及的话语实践主要有表示不同意的言语行为（“我对这个还是有一定的质疑……”）① 和模糊限制语（“在我看来”“我觉得”）。

最后，汇报者对讨论者的质疑（第 6 个话轮）给予了承认（“也许就像你说的”）② 和进行了陈述性的断言（“就是我在标注的时候也遇到这样的困惑”）。结合“强势确信度标记语”（“确实”）（袁周敏，2015：92）、第一人称（“我们”）和模糊限制语（“可能”）可以判断，汇报者再现了自己的研究者身份，但是和之前相比（第 4 个话轮），她采取“以退为进”，试图彻底劝说讨论者接纳她的学术观点，化解他们之间的互动性争论。

二、融入学术共同体

学术共同体和身份建构存在着密切的关系：一方面，学术共同体的成员可以实现彼此的认同，共享话语资源，建构自己的研究者身份；另一方面，在这种建构的过程中，他们也可以逐渐加深对学术共同体的认识，努力使自己的研究成果得到学术圈的认可（Hyland，2012a）。本研究认为，参加学术会议的学者狭义上构成了一个学术共同体（见第一章第二节），因此，为了尽快融入学术共同体，实现自我定位，他们在分组讨论时可以建构自己是参会成员的研究者身份。

例 6-5

→1. 主持人：<u>我一个建议，就是说，你现在是不是在这个描述，这个表象的问题？</u>

2. 汇报者：对。

→3. 主持人：<u>如果你能够从这个，他如何运用这个弱势群体，他如何</u>

---

① 根据 Austin（1962）对言外行为的分类，同意属于阐述类。

② 根据 Liu（2011）针对汉语本族语者的言外行为分类，承认属于断言类。

运用这个话语反差，或者有一种什么样的策略，有什么样规律性的东西？

→4. 汇报者：对。

→5. 主持人：然后这个东西是可以拿来推广的，这样可能【深入一点。

→6. 汇报者：　　　　　　　　　　　　　　　　　　对。我是，】

⊥我自己想做的博士论文，就是想要深入这个方向，因为我自己觉得做得很浅。所以我就想到这里来，看看大家有没有一些新的想法，然后来 inspire me。

7. 主持人：谢谢。（鼓掌）

此例中，主持人首先使用了寻求信息的问话（第 1 个话轮）。在第 2 个话轮得到汇报者的简单肯定答话（“对。”）后，主持人才通过宽式特指问话（“……如何……？”“……什么样……？”）实施了建议（第 3 个话轮）并提供了建议的原因（第 5 个话轮），建构了自己权威的专家身份。问话和答话的前置系列构成了讨论者实施建议和建构身份的基础。汇报者对讨论者的建议通过简单肯定答话（“对。”）表示了赞同（第 4 个话轮）。不仅如此，汇报者对专家提出建议的理由（“……可能深入一点。”）表示了认同，进一步表达了提交论文摘要和参加分组讨论的初衷。根据第 6 个话轮的话语内容判断，汇报者建构了自己是参会成员的研究者身份，希望可以尽快融入学术共同体，完成自我定位。

第四节　以目的为导向的教师身份建构

除了专家身份和研究者身份，参加学术会议分组讨论的学者还会建构教师身份。建构这种身份的主要目的是营造学术讨论氛围和提供学术研究便利。

一、营造学术讨论氛围

Dabbs（1985：183）指出在学术交流中，“提出想法比维持个人关系更重要”。但是，在汉语语境下的学术会议分组讨论中，学者既侧重提出个人想法和观点，也注重营造有益于学术讨论的“友好氛围”（Shalom，1993：41）。比如在分组讨论的开端，有时为了达到营造良好学术氛围的目的，学者会进行身份建构。

例 6-6

→1. 讨论者：刚才×博士，×老师，讲得挺好。我们一会也听听其他的。我们就是让同学们能够这样，⊥就是有一个机会，通过这样一个会议，把自己做的东西，跟大家见见面，实际上也是一个 brainstorming 的一个过程。

→2. 汇报者：嗯。

→3. 讨论者：那我们，我们从来都是，不说好话的，（笑）劈头盖脑。所以呢，还是希望你呢，能够，就是要适应一下我们这种，⊥所以呢，我们的同学啊，都要剥几层皮的，四五层皮剥了最后都已经，⊥这个，有时候我们，我们也说一些重话，所以我觉得这个有好处。

→4. 汇报者：嗯。

→5. 讨论者：因为学术问题嘛，就是要在争论当中不断地讨论，我先讲这一点……

在该例的第 1 个话轮，讨论者首先通过实施评价的言语行为（“……讲得挺好。”）建构了自己权威的专家身份。接着使用第一人称“我们”建构了自己是参会成员的研究者身份。最后，讨论者通过身份及友邻关系称谓语（“同学们”）建构了自己的教师身份。所以在第 1 个话论，讨论者的身份转换依次为：专家身份—参会成员的研究者身份—教师身份。但是在第 3 个话轮，讨论者通过使用身份及友邻关系的称谓语（“……同学啊”）和六个第一人称“我们”建构了自己是教师群体的成员身份。对于这种身份建构和转换，汇报者在第 2 个话轮和第 4 个话轮都使用了反馈性提示语（“嗯。”）。这种反馈性提示语是一种附和性言语行为。根据以上身份的建构及其话语形式并且结合讨论者的话语内容（第 1 个话轮和第 3 个话轮），可以发现讨论者主要建构了自己的教师身份，目的是为后续互动性的争论营造友好的氛围。通过讨论者的话语内容（第 5 个话轮）可以进一步验证这一点。

二、提供学术研究便利

提升学术能力有益于教师的职业发展，而教师的职业特性也更适合教师开展学术研究。在学术会议的分组讨论中，学者可以通过建构教师身份突出这份职业给自己学术研究带来的便利。

例 6-7

→1. 汇报者：……所以这个我准备做一些问卷给我的学生发，因为我今天没有，两周以后我才讲到这个辩论这一节。（..）我是放完电视之后当场就发问卷，把问卷设计好，然后我是教留学生，也教中国学生，都把各国学生和中国学生。然后收回来之后看他们的反馈，就他们也没见，也没看到这个{……}

2. 讨论者：但是你的学生已经是 interested 了，他已经在你的魔爪之下，在一个影响之下，他不太敢说正确不正确。

→3. 汇报者：我还有留学生，也上辩论课，也让他们去看，他们是各个国家。

4. 主持人：但是他们对中国看，他们对中国看本身，然后你是一个中国老师，▲

5. 讨论者： ▼他来学中文，他已经有 bias 了。（笑）

6. 主持人：对。

→7. 汇报者：但是我能够抓到的样本对象也只能是这样抓，就是如果要是能发问卷上，⊥社会上可能会更好一点。

该例中，汇报者通过使用身份及友邻关系的称谓语（“学生”“留学生”）建构和再现了自己的教师身份（第 1 个话轮和第 3 个话轮)。结合汇报者这两个话轮的话语内容判断，通过建构自己的教师身份，她希望强调自己的教学活动有助于挑选研究中的样本对象。与此同时，主持人和讨论者通过实施反对的言语行为（第 2 个话轮、第 4 个话轮、第 5 个话轮)，对她的这种研究方法提出了异议。在此基础上，汇报者进一步说明自己的职业也限制了研究中样本对象的选择范围。综上所述，通过建构教师身份，汇报者突出了这份职业可以为自己的学术研究服务。

第五节　以目的为导向的多重身份建构

结合现实生活中的学术会议话语，本章第二节、第三节和第四节从会话的局部结构层面分别考察了学者以目的为导向的专家身份建构、研究者身份建构和教师身份建构。本部分将从会话的整体结构层面分析学者以目的为导向的多重身份建构。

一、以目的为导向的专家身份和研究者身份建构

学术会议分组讨论的会话整体结构中，学者可能在不同的序列或阶段以不同的交际目的为导向来建构专家身份和研究者身份。这些具体的交际目的包括建立“学术领地”、消除学术交流障碍、融入学术共同体和劝说他人接纳学术观点。

例 6-8

1. 主持人：OK，大家现在看有没有什么问题？

→2. 讨论者 1：我倒是，有一些问题哈。(..) 你刚才在讲的时候让我想起当年我自己在博士论文开题的时候，跟你的状态是一模一样的，就是，想把全世界的问题都解决了。然后这个选题我还是觉得其实是很有价值的，但是就是说太大，focus 的东西太多了。然后呢，就当你想每一个问题都解决，每一个问题都去看的时候，其实最后其实就是导致，你什么东西，都是轻轻戳的一下，无关痛痒。

3. 汇报者：那我应该 focus 在哪个问题上面比较合适？我主要的是探索它的背后的意识形态的，这个应该是我的主论题。

4. 讨论者 1：就是说你具体要选择哪一个东西来去 focus，我觉得我刚才其实特别在你列到很多，对比等等这些东西，(..) 我想问就是说你自己在做这个东西的时候有没有去做一个具体的分析？

5. 汇报者：我有做过。

6. 讨论者 1：你指的是？

7. 汇报者：我已经有写过一篇文章还没发表，已经做过了。

→8. 讨论者 1：你说是要做“跨文化”引进的这种，那么对于奥巴马，他自己本身的“跨文化”引进和非“跨文化”引进的这些演讲的之间的差别，有没有比较明显的差别？就是奥巴马自己本身。然后呢，我只是说提供一个如果是我来做，我会怎么样去 narrow down 这个问题，然后还有你这里提到比如说对它的人称代词、及物性、情态等进行分析，这里面的任何一个东西。(..) 我就

拿及物性来说，你把它往深里做，然后比如说及物性跟你刚才它在三个不同层面的这个体现等等，如果是我的话，我更倾向于这样地去做，而不是现在这样。

9. 汇报者：就是专门从及物性或者情态方面去挖掘的，我就是担心从这个方面可能▲

10. 讨论者1：▼其实我个人认为，就是可能，⊥里面的会可能相对来说，你找出的结果会比较significant，个人感觉不一定对啊，然后你像{……}的评价理论里面都有很多什么engagement等等这些，每一个细条底下的category我觉得都足够你去做一个论文了，所以就是说我个人的感觉就是，⊥你这里还提到了多模态的东西。

11. 汇报者：我只是做一个选项，但是不一定会做。

12. 讨论者1：因为像做的这些东西，像奥巴马的这些东西，就是我们可能很多人都很容易犯的一个，在做研究的时候很容易犯的一个，也不能说是错误，就是每个人的都有这个过程，没有办法保证自己将某一个点选中了以后focus深入，然后将它从语言形式到分析框架到深层次的从语言到语境complex关系的东西深化。(..)我觉得把一个小东西说清楚，就比把所有的东西都提一下，要更重要。

→13. 汇报者：就是宽度有余，深度不够。

→14. 讨论者1：对，宽太有余了。我个人觉得，就是说你自己后期还是要，⊥就是narrow down选一个，就比如说提到的这里面代词及物性和被动化这些，你可以先对这些做一个简单的分析。分析完了以后你看哪一个的特征最显著，而且最有往深里做的价值，然后都有这么个反反复复的过程。

→15. 讨论者2：我听了你的这个发言，感觉到，其实你是最感兴趣奥巴马，并不是对这个语言本身的深沉的东西，而你现在强调的就是因为奥巴马他是黑人总统、第一个等等，我们大家都很感兴趣。(…)所以你这个问题的视角可以两个：第一，你研究奥巴马本人。第二，你是研究一个语言的普遍的现象，而是把奥巴马作为例子，作为一个 case，你要选择好。我这个仅供参考，这个问题你把它 narrow down 很有意思的。你当然也可以选择别的视角。

→16. 汇报者：我还想提一个问题，就是我一直很困惑的。就是，作为不管是，⊥将来我肯定也要 narrow down。但是 narrow down 到一个层面的时候离不开阐释和解释，但是我一直觉得就是这个过程看看有些人写的文章都是自圆其说，很主观，我就不知道在这个阐释和解释阶段应该是参考什么样的一个理论框架比较好？

→17. 讨论者 2：其实，narrow down 到哪个具体的问题我现在很难给你这个建议。因为建议你，你说你找不到，这就是你研究的这个过程，是你去发现。刚才×老师讲的，你应该做 pilot study，（..）发现哪一个角度去可以说明这个问题，然后这个 explanation。description，explanation，interpretation 这三个步骤。explanation 就是我把这个通过语言的这种现象，跟它这种一定意识形态 matching 之后（..），我进行一个 explain 告诉人家，所以往往都是一些有代表性的话语，可以归到哪种类型的这种话语，进行 explanation。最后 interpretation，那就是你个人的一种对美国的社会文化、中国社会文化，两国作为两个大国之间这种争斗的，意识形态能够较量的一些东西，你才去解释它。这个只有你能自圆其说，没有人能够批评你。但是前面的两个阶段都是事实。

18. 汇报者：谢谢，×老师。

→19. 讨论者 1：我稍微再补充一点，就是刚才提到我们怎么样去做一个｛……｝，去 explanation，interpretation，and where to start。然后在这个 interpretation 的时候，我觉得这个事情就是说，我们作为研究者应该是从两个方面去看，一个方面刚才×老师提到的，作语篇分析的人一定要有比较宽广的这种 broad reading。然后像今天早上×老师说的，就是其实你的这个 interpretation，就是你个人，你必须得有一定的，这个叫什么，智慧还是什么，就是你的这个 interpretation，其实某种意义上折射了你自己的意识形态和你自己的社会观。那么在这个过程，我们在解释的这个过程当中，就是说，我们作为一个语篇的分析者很重要的（..）一个 mission，我觉得就是 breach between the linguistic form and social phenomena。然后这个 breach 的过程当中，就是我们需要非常的谨慎，就是你需要一步一步地去论证。我觉得就是它是很难的，就是确实很难做到。但是这个过程当中，也是我自己觉得是非常的 enjoyable 这么个过程。然后就希望我自己的个人的经历可以给你一点，就是说如何做这个解释的问题。

20. 汇报者：好的，谢谢×老师。

21. 主持人：好，我们差不多时间就已经到了，那感谢×老师的分享。谢谢大家。（掌声）

该例中，在问题解决阶段的第一个问题协商序列（第 2 个话轮到第 14 个话轮），第一位讨论者通过实施批评和建议的言语行为建构了自己权威的专家身份。在句法上，她批评汇报者研究内容的同时（“……但是就是说太大，focus 的东西太多了。”），也对汇报者的选题价值给予了肯定（“然后这个选题我还是觉得其实是很有价值的……”）（第 2 个话轮）。在词汇上，通过使用“……我还是觉得……”和第 2 个话轮“如果是我的话……”（第 8 个话轮），讨论者同时也表现出了她作为专家的亲和力。因此，讨论者建构自己权威的专家身份，目的是表达自己的学术思想和观点，建立自己的“学术领地”。另外，在第一个问题协商序列的第 13 个话轮，汇报者对第一位讨论者在第 12 个话轮的话语进行了归纳要旨（gists）的解述（Heritage & Watson，1979）（“就是宽度有余，深度不够。”）。通过这种解述，汇报者建构了自己的专家身份，目的在于表明自己对第一位讨论者话语内容（第 12 个话轮）的理解，避免他们之间产生交流障碍。这一点从第一位讨论者在第 14 个话轮对汇报者解述的“认可”(confirmation) 中也可以得到验证。

在问题解决阶段的第二个问题协商序列（第 15 个话轮到第 18 个话轮），第二位讨论者建构了自己权威的专家身份。在话语形式上，这位讨论者通过实施言语行为序列（廖美珍，2003）确立了自己专家身份的权威性（第 15 个话轮）。这个言语行为序列的核心行为是建议（“所以你这个问题的视角可以两个……你要选择好。”），后续行为是评价（“……这个问题你把它 narrow down 很有意思的。”）。另外，在词汇方面，讨论者通过使用“我这个仅供参考……”也表现了他亲和的一面。不仅如此，根据第二位讨论者在第 17 个话轮的话语内容判断，他结合汇报者的研究内容重点解释了在学术研究中“description”“explanation”和“interpretation”的区别。基于以上分析可以发现，这位讨论者建构了自己权威的专家身份，目的是在客观传递学术知识的同时，也建立自己的“学术领地”。另外，根据汇报者在第 16 个话轮的话语实践判断，他建构了自己是新手的研究者身份。话语内容上，他直接表达了自己在学术研究中遇到的问题（“我还想提一个问题，就是我一直很困惑的。”）。话语形式上，他使用了宽式特指问话（廖美珍，2003）（“……什么样的……比较好?”）向第二位讨论者询问相关信息和寻求帮助。因为学术会议分组讨论在一定程度上具有开放性，所以汇报者的寻求帮助可以被认为不仅针对第二位讨论者，也针对由参会学者组成的学术共同体成员。他希望能够在学术共同体内得到权威专家的指导，获得和其他学者交流的机会，所以建构了自己是新手的研究者身份。

在问题解决阶段的第三个问题协商序列（第 19 个话轮到第 20 个话轮），第一位讨论者通过实施陈述性的断言（比如“我觉得就是它是很难的，就是确实很难做到。”）再现了自己权威的专家身份，她的目的和第一个问题协商序列中的相同。不仅如此，讨论者还两次引证了其他学者之前的话语内容（“……一个方面刚才×老师提到的……”和“然后像今天早上×老师说的……”），表达出对这两位老师学术看法的认可。通过使用这种会场内的“符号网”（Ventola，1999），讨论者建构了自己、对方、他人都是参会成员的研究者身份，目的是劝说汇报者接受她的学术观点。

总之，在问题解决阶段的第一个协商序列，第一位讨论者为了建立自己的“学术领地”，建构了自己权威的专家身份。同时，汇报者为了确保学术交流的顺畅，建构了自己的专家身份。在第二个问题协商序列，第二位讨论者为了建立自己的“学术领地”，也建构了自己权威的专家身份；汇报者为了融入由参会者组成的学术共同体，建构了自己新手的研究者身份。在第三个问题协商序列，第一位讨论者再现了自己权威的专家身份，目的是建立自己的“学术领地”。不仅如此，为了说服汇报者接受她的学术观点，第一位讨论者也建构了自己、对方、他人都是参会成员的研究者身份。

二、以目的为导向的专家身份、研究者身份和教师身份建构

除了消除学术交流障碍和融入学术共同体，在学术会议分组讨论的会话整体结构中，学者可能在不同的序列或阶段以其他的交际目的为导向来建构专家身份、研究者身份和教师身份。这些具体的交际目的分别为提供学术研究便利、建立“学术领地”和劝说他人接纳学术观点。

例 6-9

1. 主持人：好的，那么×老师对于学术英语写作进行了一个比较系统的研究。然后下边留五到十分钟给大家提问。

→2. 讨论者 1：×老师，你好！我有两个问题想问。(..) 呃，第一个就是，我所在的学校现在处在学术英语这么一个转折期，对整个模式不是很成熟。因为只上一年的这个课，我是大学英语的老师，只上一年的学术英语课。那么学术英语写作呢，其实只是教学上的其中一个部分，并不能把它当作一门课来教。那么我的第一个问题是，在您看来，学术英语写作教学应该包括一些什么内容？这是第一个问题。第二个问题是，通过这门课，我会让学生交上来一些作业和文本，针对这些很不成熟的作业和文本，有些什么科研点可以去挖掘？谢谢。

→3. 汇报者：一个是教学，一个是科研。如果从教学的角度上出发，也许可以做教学的这个实验研究。教学的方法有很多，那么，大家如果能够去关注在第二类下面的写作教学研究里面，就是前面我们谈到的基于教学的这种教学研究，采用某一类的方法，这种教学策略法，然后来看看我们的学生在这个学期过程当中，怎么样利用这样的一

个教学方法能够有所提高，可能这一类的研究完全可以基于我们自己的教学实践来做。（..）另外，研究的这一块啊，可能就是按照我们刚才说的，如果说有理论的基础的话，那我们从刚才谈到的几个角度上我觉得都能做。就比如说，最早我们谈到的那个类别，就是，看从哪个角度了，就是研究领域的分类里面。就是说，如果说走这两个角度的话，这个功能语言学的视域下面，如果对这一块语类的理论有一定的了解，然后手上有语料还不错，也可以有一些国际期刊的一些论文作为一个对照的标准，然后做一些对比分析。那么都一样，{……}这里面有大量的语言、词汇和语法形式。那么如果手上有这些学术论文这些的语料，做一些文本的分析，我们刚才看到{……}，其实是有大量的研究的。如果能够关注我们谈到的一些前面的期刊论文，那么这些期刊论文里面，我也建议大家，有的时候老师会觉得无从下手，那就像硕士生开始做论文一样，可能希望他先要读书，先要看期刊论文，因为期刊论文是这样一个领域最新研究发展动态，是最快的一个语境。所以如果从这些期刊里面看到一些论文，觉得这样的写作方式包括国内期刊，那么这样的一种研究方法，我能够模仿，我能够学习的，而且我手上也有相似语段，我可以先从模仿研究做起，然后再慢慢地看，自己的理论基础扎实以后再从新的视角来做。所以我觉得可以一步一步来，先做一些模仿性的研究，（..）对期刊的定位也不一定太高，但是慢慢做到了一些实际的分析，然后对自己的教学也有启发，对学生也有一些启发以后，然后再看看自己能不能在理论的方法上再突破，再走下一步。所以我觉得可以把自己的科研目标分割下来，不是说一步要达到怎样高的高度，可以从模仿研究做起。那模仿研究的第一步可能就是要先看书，先看期刊论文，这样子。

4. 讨论者2：刚刚你也提到了，在学术写作当中，我自己做了一个小小的研究，然后我就发现因为这个解释，解释这个差异确实有大问题，因为好像很多是思辨性的，就是不是说我去看这些文献，就是，别的有可能是中国人受中国人的影响，或者怎么样的，外国人呢，(..) 就很难有实证的数据来支持，这个能怎么解决一下？

5. 汇报者：你说的是对比修辞理论的这个吗？

6. 讨论者2：对对对，如果我去做英汉对比，或者是这种类型，怎么样来解释这种差异？怎么样的东西让别人觉得很站得住脚？

7. 汇报者：我觉得任何的解释，一个是理论的这样的一个背景，首先是要站得住脚，当然对比修辞理论本身是有争议的，所以这个里面怎么样能够更好地把握这个理论是一个部分。(..) 第二个呢，就是你在提出任何的自己的想法的时候还是要有 evidence，还是要有实证依据。所以当大家在看你论文的时候，如果是你提出自己的观点，然后后面没有实证依据的话，那都是空的。所以我们在做这个评价的时候，谈到这样一类的情况，就是会问你的 evidence 在哪儿？我们的写作常会出现这种问题，就是只有 claim，没有 data，就是只有观点，然后你后面的 data 没有，你那个证据没有，所谓的用事实说话，即便是解释，那也是要用事实说话的。所以，一个是理论它本身是不是站得住脚，第二个提出任何观点，要用事实来支持，要用事实来说话。

→8. 讨论者3：我想刚才那个老师说的研究的时候，我再插一句。因为我是教学术英语写作课，其实收到学生的那些作业都可以留下来，就是以后你后面要分析的语料。我们学生的这个课，是有网络课堂的，就是你去了一个网络课堂，然后他每次作业都提交在上面，然后你定期把它收下来就可以。就是你可以让他交一些，譬如说我收过的 research proposal，你给他设置一个 scenario，说你要出国访学，这个项目对方要求你写一个 research plan，(..) 你假设一下，你来写一下。(…) 那这样的东西你收回来，最后就可以分析，后来他的论文就作为你写作的资料，其实有很多东西都可以收的。刚才X老师也说了，这方面特别空白，那这个文本分析完全就可以做，你可以做定性的，可以有几个学生，跟他们说好，就是说以后你们的文章发给我，我帮你们做一些修改，但同时你们要提供一些什么样的帮助，对吧？（..）他们的那个过程你每次也看到他们怎么改的。然后你收集一些数据，也可以做定性研究，都是可以的。

9. 主持人：好的，其实我们今天从X老师的这个研究里面也可以看出来，她有很厚的那个基石，那就是这么多篇相关文章，我想如果在座的任何一位，包括我把这些文章看完了之后，肯定有很多的ideas，（..）那是完全可以的。那X老师这个工作非常的扎实，然后我们也看到整个书里面的这个框架和这个归类，可以想象出背后的那么多辛勤的劳动，才能够把这些东西归出来，然后还要进行评论，进行思考，也说明X老师在这个方面已经有一定的这个基础和造诣，她才能够从上而下再去进行一个宏观的思考。（..）那她最⊥，一开始，我相信肯定不是从这么多篇开始的，那肯定只是从二十几篇或者是几篇，然后看了一些，做，做起来，慢慢地积累了之后，她在这一方面有了一定的积累之后，她就可以从上而下去看。那也就是说成了这方面的专家了。那在座的各位老师，有一天我也希望，你也能成为某一个领域内的专家。那么，其实你的起点可能就跟我们一样的，最早的就是从一两个研究开始的，就是从看那十几篇、二十几篇的研究开始的，慢慢做起来的，后来你就越做越好了。我想最后，因为我们时间有限，我们就还是像每一次一样的，用热烈的掌声来感谢X老师。

10. 汇报者：谢谢。

此例中，在问题解决阶段的第一个问题协商序列（第2个话轮和第3个话轮），第一位讨论者的话语内容涉及她所在学校进行的学术英语写作教学（“我所在的学校现在处在学术英语这么一个转折期……”和“……我会让学生交上来一些作业和文本……”)。不仅如此，根据讨论者使用的两个宽式特指问话（廖美珍，2003），尤其是第二个宽式特指问话的命题内容判断（“……有些什么科研点可以去挖掘?”），她希望自己的教学可以为科研服务。所以，她在第 2 个话轮建构了自己的教师身份（“……我是大学英语的老师……”），强调了这份职业可以给自己的学术研究提供便利。

对于以上第一位讨论者的两个宽式特指问话，汇报者在第 3 个话轮首先建构了自己权威的专家身份。这种身份建构的话语形式包括归纳要旨（gists）的解述（Heritage & Watson，1979）（“一个是教学，一个是科研。”），表示建议的间接言语行为（如“如果从教学的角度上出发，也许可以做教学的这个实验研究。”）和表示建议的直接言语行为（“……我也建议大家……”）。另外，汇报者还通过使用模糊限制语（“也许”“我觉得”“可能”）表现了自己亲和的一面。可见，汇报者在答话部分首先建构了自己权威的专家身份，目的是在客观传播学术知识的同时也表达自己的学术思想和观点。其次，汇报者主要通过频繁使用第一人称（“我们”和“我”），建构自我、对方、他人都是参会成员的研究者身份。需要指出的是，这里的第一人称“我”实指分组讨论中的其他参与者，换言之，汇报者选择站在这些参与者的角度。任育新（2016）的研究中也有类似发现。通过这种身份建构及其话语实践，汇报者希望说服学术共同体的其他成员接受自己的学术思想和观点。

在问题解决阶段的第二个问题协商序列（第 4 个话轮到第 7 个话轮）结束后，根据第三位讨论者的话语内容判断（第 8 个话轮），她分享了自己的学术英语写作教学如何为科研服务的经验。通过建构自己的教师身份（“因为我是教学术英语写作课……”），这位讨论者突出了这份职业给自己的学术科研带来的便利。此外，这位讨论者还通过引证汇报者之前的话语内容（“刚才 X 老师也说了，这方面特别空白……”）表达了对汇报者学术观点的认同。通过使用这种会场内的“符号网”（Ventola，1999），这位讨论者建构了自己、对方、他人是参会成员的研究者身份，目的同样是劝说学术共同体的其他成员接受自己的学术观点。

总之，在问题解决阶段的第一个协商序列，第一位讨论者为了强调教师这份职业可以为自己的学术研究服务，建构了自己的教师身份。与此同时，汇报者为了建立自己的“学术领地”，建构了自己权威的专家身份；为了劝说学术共同体的其他成员接受自己的学术思想和观点，建构了自己、对方、他人是参会成员的研究者身份。另外，在问题解决阶段的第 8 个话轮，第三位讨论者为了突出教师这份职业给自己的学术科研带来的便利，建构了自己的教师身份。不仅如此，为了表达并说服他人接受自己的学术观点，她同样建构了自己、对方、他人是参会成员的研究者身份。

第六节　小结

身份建构的语境制约性可以比较全面地解释身份建构的动态性，而身份建构的目的性能从根本上解释身份建构的动态性。本章通过分析身份建构的目的性进一步解释了身份建构的动态性。首先，回顾语用身份（建构）和交际目的、目的原则和语境动态性的相关研究，从理论上论证身份建构以交际目的为导向。其次，结合现实生活中的学术会议话语，在会话的局部结构层面分别考察了以目的为导向的专家身份建构、研究者身份建构和教师身份建构。建构专家身份的主要目的包括建立学术领地、优化知识体系和消除学术交流障碍，建构研究者身份的主要目的是劝说他人接纳学术观点和融入学术共同体，建构教师身份的主要目的在于营造学术讨论氛围和提供学术研究便利。最后，本章在会话的整体结构层面分析以目的为导向的多重身份建构。这种多重建构主要包含以下两种：以目的为导向的专家身份和研究者身份建构，以目的为导向的专家身份、研究者身份和教师身份建构。综上所述，本章从理论到实践，从宏观到微观论证了身份建构的目的性，旨在从根本上解释身份建构的动态性。

结 语

“交际不是静止的，而是处于动态的、不断发展的过程。”（何兆熊，1999：19）身份随着交际的推进而变化，所以它本质上也是动态的。语用研究的核心是它的动态性和动态过程（Verschueren，1999），从语用学的视角研究身份（建构）的动态性可以剖析语用研究的这种动态性。本研究以学术会议分组讨论话语为语料来源，以学者的身份（建构）为研究对象，以目的原则和语用身份论为理论基础，依据目的导向身份建构分析模式探讨了在学术会议的分组讨论中学者身份（建构）的动态性。具体来说，本研究从身份（建构）的可选择性、身份（建构）的可变性、身份（建构）的语境制约性和身份（建构）的目的性四个方面论证了身份（建构）的动态性。本章将从三个方面对整个研究做出回顾。首先，总结本研究的主要发现。其次，归纳本研究在理论、实践和方法论层面的研究价值。最后，指出本研究存在的局限性并对未来研究进行展望。

一、研究总结

基于对学术会议分组讨论话语语料的分析，本研究结合目的原则和语用身份论，提出了目的导向身份建构分析模式。在这个分析框架下，本研究描写了学者身份（建构）的基本面貌，论证了学者身份（建构）的动态性，揭示了学者身份（建构）与目的和语境等因素之间的关系。本研究的主要发现表现为以下四个方面：

（一）身份建构的可选择性

对于身份建构的种类及其语言表现形式而言，说话人通过语言和会话的选择策略性地构建不同身份（Archakis et al.，2009）。可选择性是身份建构动态性的一种体现。它首先表现为言语交际者在参与互动的过程中会选择建构不同的身份。从一定程度上来说，身份建构的可选择性也说明了身份的多元化和多样性（Tracy & Carjuzáa，1993b；De Fina et al.，2006；Omoniyi，2006a；董平荣，2009；夏芳，2009a；任育新，2013b）。其次，身份建构的可选择性表现为身份建构的话语实践类型的可选择性。身份建构的种类和话语实践类型之间并不是一一对应的关系。换言之，在一定的交际语境下，言语交际者通过某些话语实践建构了一种身份，或者通过一种话语实践建构了多重身份。总之，在学术会议的分组讨论中，学者在特定的交际语境下通过不同的话语实践可以建构专家身份、研究者身份和教师身份。这些身份及其话语实践的多元性体现了身份建构的可选择性。

专家身份建构的可选择性在话语内容上表现为对专业词汇的解释和对研究局限的预知。在话语形式上，主要有言语行为方面的陈述性的断言、建议、评价和责备，会话组织方面的打断和解述，以及社会称谓语的使用。社会称谓语包含“学者”“教授”和“专家”，它们的总频次分别是 30 次、18 次和 4 次。

研究者身份建构的可选择性在话语内容上包括对学术背景的了解、对学术知识的欠缺、与学术话题的关联和学科内容的对比。在话语形式上，涉及言语行为的问话和寻求建议，人称指示语和泛称称谓语的使用。人称指示语包括“我们”“她/他们”和“你们”，它们的总频次分别为 326 次、28 次和 8 次。泛称称谓语包括“师姐”“师兄师姐”和“学姐”。

教师身份建构的可选择性在话语内容上体现为使学术问题通俗化和对学术方法的指导。在话语形式上，包括启发式问话和明知故问两种问话以及社会称谓语的使用。社会称谓语包括职业称谓语（“老师”）、身份及友邻关系称谓语［“同学（们）”“硕士生”和“学生”］。其中，“老师”“学生”“同学（们）”和“硕士生”的总频次分别是 92 次、52 次、10 次和 6 次。

（二）身份建构的可变性

身份通过语言关联（Drew & Heritage，1992；Van De Mieroop，2008）。言语交际的互动参与者通过各种话语实践建构多重身份。这些身份的可变性是其动态性的另一个体现。这种可变性主要表现为以下两个方面：

①学术会议的分组讨论中，学者的身份建构在会话的局部结构内呈现可变性。首先，这种可变性体现为交际一方可以通过自己、对方、他

人的建构实现彼此多重身份的转换。接着，交际对方认同或者没有认同这些身份的建构和转换。然后，在认同或者没有认同的前提下，交际对方可能没有建构自己的身份，也可能建构了自己的身份，还可能通过自己、对方、他人的建构实现了彼此多重身份的转换。

②学术会议的分组讨论中，随着会话的不断推进，学者的多重身份在会话的整体结构中也表现出变化。本研究将学术会议分组讨论的会话整体结构分为三个阶段，它们分别是会话的开端、问题解决阶段和会话的结尾。会话的开端对应会话开始序列；问题解决阶段对应问题询问和回答序列、问题协商序列；会话的结尾对应会话结束序列。对于在会话的整体结构中学者身份（建构）的变化而言，专家身份、研究者身份和教师身份在三个会话阶段都有可能出现。在会话的开端，主要由主持人和讨论者进行三种身份的建构；在问题解决阶段，三种分组讨论的话语角色均参加身份建构；在会话的结尾，主要是主持人实施三种身份的建构。从数量上来说，三种身份的建构主要集中在问题解决阶段，尤其是其中的问题协商序列。相对而言，在问题询问和回答序列，主要是讨论者进行身份建构，而且讨论者建构最多的是研究者身份，总频次达 78 次；在问题协商序列，同样主要由讨论者实施身份建构，然而讨论者建构最多的是专家身份，总频次达 325 次。综上所述，在会话的整体结构中学者的身份（建构）发生了变化。

（三）身份建构的语境制约性

语言顺应的语境相关成分可出现在心智、社交（或文化）以及物理世界中，“这些成分也包括使用中的语言信道的特征以及事件发生的语言性语境的特征”（维索尔伦，2003：131）。其中，语言顺应的交际语境涉及语言使用者（发话人与释话人）、心智世界、社交世界和物理世界。

对于学术会议的分组讨论而言，和学者身份建构有关的交际语境包括物理世界、心智世界和社交世界的相关语境因素。具体而言，这些语境因素主要涉及心智世界的情感和面子，社交世界的权势关系、平等关系、亲疏程度、交际规范和人际和谐，物理世界中的发话人与释话人、物理世界的言语“物质”条件。它们往往共同制约着学者的多重身份建构。总之，学者的身份（建构）受到学术会议分组讨论的交际语境制约，这种制约性可以比较全面地解释学者身份建构的动态性。

（四）身份建构的目的性

参加学术会议分组讨论的学者在身份建构的过程中具有明确的目的性。这种目的性可以从根本上解释学者身份建构的动态性。它主要反映在两个方面：

①在会话的局部结构层面，专家身份建构的主要目的有建立“学术领地”、优化知识体系和消除学术交流障碍；研究者身份建构的主要目的包括劝说他人接纳自己的学术观点和融入学术共同体；教师身份建构的主要目的在于营造学术讨论氛围和提供学术研究便利。

②在会话的整体结构层面则体现了学者以目的为导向的多重身份建构。本研究中这种多重建构涉及以下两种：以目的为导向的专家身份和研究者身份建构；以目的为导向的专家身份、研究者身份和教师身份建构。

综上所述，对于学术会议分组讨论中的学者身份（建构），本研究侧重从身份建构的可选择性、可变性、语境制约性和目的性论证它的动态性。它们之间的关系是：可选择性是从身份建构的种类及其话语实践类型来体现身份建构的动态性；可变性是从会话的结构来反映身份建构的动态性；语境制约性较为全面地说明了身份建构的动态性；目的性从根本上解释了身份建构的动态性。

二、研究价值

“强调研究方法及理论视野下的跨学科性，已是当代语言学发展所体现的新特点。”（冉永平，2012：7）在这种研究趋势下，本研究尝试从理论、实践和方法论三个层面对身份研究和学术话语研究做出一定的贡献。

（一）理论层面

①本研究界定了身份（建构）的工作定义，并通过田野调查采集了学术话语的真实语料，开展了会议分组讨论中的学者身份（建构）研究。在此基础上，本研究不仅论证了语用学领域身份研究的相关成果，还进一步说明了身份建构研究是语用学研究的前沿性课题（Yuan，2013a），也是“社会科学的中心舞台。”（Bamberg et al.，2007：1）

②本研究提出了以目的为导向的身份建构分析模式。该模式以目的原则和语用身份论为理论基础，因此本研究从一定程度上拓宽了这两种理论的解释力，加强了两者的实际操作性，扩大了它们的理论和应用范

围。到目前为止，已有一些研究将目的原则和语用身份论应用于学术话语研究，在一定程度上论证了它们的适切性。然而，相比之下，这些研究的对象主要还是以书面学术话语为主，“倾向书面话语”已经成为当前学术话语研究的一个问题（Heller & Morek，2015）。为了解决这个问题和弥补相关研究的不足，本研究尝试围绕目的原则和语用身份论开展口头学术话语研究。具体来说，基于目的原则和语用身份论，本研究提出了以目的为导向的身份建构分析模式。在该分析框架下，结合第一手采集的学术会议分组讨论话语语料，考察了这种研究过程体裁中的话语实践，对学者身份（建构）也进行了比较系统的描述和解释。通过这种较为全面的考察，本研究进一步完善和发展了目的原则和语用身份论。

（二）实践层面

吴鹏等（2014：267）提出要“正视话语研究在学术意义和社会责任两个方面的有机统一关系，将解决或部分解决社会现实问题作为话语研究的一个重要价值取向”。为此，除了完善以上已有的相关理论研究，本研究在实践上也提供了一定的借鉴和启示。这些借鉴和启示可以概括为以下四个方面：

①对于任何涉及言者和听者的言语活动，都离不开对两者身份的考察。所以，本研究可以帮助交际双方认识到身份这个重要特征在话语活动中的关键作用，比如说话人在产出话语时应适当考虑听话人的身份及其社会心理因素（Spencer-Oatey，2007）。

②对学术实践而言，本研究在强调学术话语重要性的同时，也从实际操作层面为学术共同体成员进行成功的言语交际提供了帮助，使他们了解和掌握会议话语这种特殊的体裁，尤其是其中分组讨论的运作机制。通过学术会议这样一个对话平台，学者可以面对面讨论和分享各自感兴趣的学术问题，相互传递更多的学术信息，拓展彼此的学术知识，从而使双方都能从这种学术交流中受益。

③对于（二语）语用教学而言，本研究有利于推动语用能力教学的发展。基于社会建构论的语用能力观涵盖了交际目标、话语意义、语言礼貌和身份关系四个重要维度（陈新仁，2014b，2015）。依据语用学的建构主义研究范式，本研究不仅为这种语用能力观指导下的（二语）语用教学在教学实践环节带来了启迪，也为其中学习者身份和教师身份的实证研究提供了参考。

④本研究为学术话语教学提供了启示。在教学实施环节，有利于教师帮助学生掌握学术话语体裁，指导他们开展学术交流活动，从而使学生在实践中进一步了解和习得学术话语。在教材编写环节，也有助于引发进一步的讨论。总之，本研究可以为这类教学研究带来一些启发，使话语分析能够为话语教学服务。

（三）方法论层面

①本研究表明，可以使用会话分析和民族志相结合的身份研究方法。在应用语言学领域，虽然会话分析已经强调话语是参与者共同建构，研究中要“使用自然发生的、真实的言谈应对的录音或录像资料作为语料来源”（于国栋等，2016：46）。但是以往单一的会话分析、批评话语分析、叙事分析等研究身份的方法均存在一些不足之处（Hyland，2012a），所以，为了克服使用单一方法带来的弊端，本研究根据研究对象和研究问题选择民族志和会话分析的方法，为身份的实证研究打下了基础。具体来说，通过会话分析，可以考察学者在学术会议分组讨论时的交际模式，探究其内部的话语行为，不断加深对这种特殊语境下口头交际的认识。除此之外，还需要通过民族志的方法来弥补会话分析对宏观层面考察的不足，更为深刻地挖掘和揭示学术会议话语实践和身份建构的关系，以此进一步了解关于学者的社会实践以及社会本身的丰富信息。总之，作为应用语言学质化研究中两个重要的研究传统（Lazaraton，2003；张培等，2013），民族志和会话分析对于围绕学术会议话语中学者身份（建构）的实证研究发挥着重要作用。

②本研究表明，可以采取相对完整的量化和质化相结合的身份研究路径。量化和质化互相依存，但侧重点不同。量化研究可以使本研究的观察更加清晰，不仅有助于统计分析，还比较容易得出结论。所以，本研究对一定规模的本土、自然和真实的语料进行了量化统计，描述了学术会议分组讨论中学者的身份（建构），为话语和身份建构的规律性提供了依据。但是，“量化数据附带数字本身的不足”（艾尔·巴比，2005：26），而社会科学研究者已经意识到这种局限可以通过质化法来弥补（Flick，2014；Taylor et al.，2016），所以在分析和解释语料中出现的语用现象时，本研究使用了质化分析。总之，本研究属于语用学视角下的实证研究。

三、研究展望

因为时间、语料和研究者能力等一些原因，本研究难免存在一些不足，主要表现为：

①本研究的语料还有待扩展。只有对真实和自然发生的话语进行的语言研究才是活的语言研究（施旭，2010)。为此，本研究通过现场录音采集了第一手真实的汉语语料，它们不仅具有一定范围的普遍性和代表性，还使得研究发现在一定程度上不同于针对英语语料的研究。然而，因为人力原因，加上手工标注工作繁重，本研究提取的分析对象在今后还可以更加丰富。另外，这些语料的来源相对有限，可能依然无法反映学术会议分组讨论话语的全貌。例如，本研究只是聚焦了一种学术会议分组讨论的语料，其实在现实生活中还有另外一种形式。这种形式是在会议分组讨论时，主持人让所有汇报者结束汇报后才开始集体讨论。这种方式可能是为了使每个研究陈述之间的联系更紧密，使集体讨论更热烈和更集中，从而更加全面地展示它的“符号网”（Ventola，2002)。今后可以进一步考察这种形式的分组讨论。如果有可能的话，可以继续开展两种讨论形式的话语对比研究，还可以结合这两种讨论话语进行学者身份（建构）的对比研究。所以，不断扩充语料是未来推进汉语语用学研究和不同语种对比研究的基础。

②本研究的理论框架还有待完善。基于目的原则和语用身份论，结合学术会议话语实践，本研究提出了目的导向身份建构分析模式。然而，该框架比较单一，为了使它更具科学性，后续细化和继续完善很有必要。另外，对于学术会议研究过程体裁（Shalom，2002）中的学者身份（建构）而言，该模式尚处于起步阶段，其适用性和解释力仍有待验证。

③本研究的广度和深度还值得延伸。由于在微观层面的一些局限，本研究无法全面反映学者的身份建构，今后还有很多值得努力的方向。例如，从研究视角来说，可以从不同的角度和层面展开，“打破学科间的藩篱，加强跨学科对话与合作。”（吴鹏等，2014：268）从语料来说，可以从种类和数量上尽量确保它的多样性，以便更加全面地反映口头学术话语中学者的身份建构，还可以进一步展开口头学术话语和书面学术话语的对比研究，以求验证身份建构在学术交流中的一些普遍性规律和区别性特征。从话语类型来说，除了学术话语，还可以关注日常话语、专

业话语、工作地话语和网络话语等。这样一来，在同一种话语类型的内部和不同话语类型之间，都可以开展围绕交际者身份建构的共时研究和历时研究。

学者身份（建构）的研究在以下两个方面还有待继续开展：

①对于身份研究的方法而言，正如 Hyland（2012a）所指出的，身份的构建和认同是主体间的认知意识和行为，因此研究者在分析和解读身份时难免掺入自己的主观立场。“从本质上讲，研究者本身的知识和看法就是研究工具的一部分，在实际操作中，难以做到绝对的客观公正。”（文秋芳等，2016：849）为了尽量保证研究结果的信度和效度，未来的研究可以一方面考虑加入访谈和同行审议（peer examination），另一方面可以通过更大规模的语料库为身份研究提供语言规则的依据。对于学术话语的研究来说，也可以使用基于话语的访谈（discourse-based interviews），并利用对言者和听者的访谈来辅证语料库分析的结果以及言语交际中的话语策略和语言选择。最后，对于已经出现和日益出现的各种学术会议体裁，今后可以不仅仅局限于语言层面，还可以开展多模态分析，结合图片和其他符号资源研究身份建构的方式。

②本研究控制了学术会议的学科性质这个变量，但结合其他变量还可以展开进一步的多维度分析和探讨，比如学者的性别、性格、年龄、专业背景、社会关系等。最后，今后研究在从以往传统语用学视角探讨身份（建构）的基础上，还可以进行一些全新的尝试，比如从人际语用学的角度关注身份建构的人际语用特点，探讨身份构建的人际语用原则，或者从社会心理语用学的视角考察身份建构的深层动因和运作机制（袁周敏等，2013c）。

参考文献

[1]ANTAKI C, WIDDICOMBE S. Identities in talk[M]. Thousand Oaks, CA.: The Sage, 1998.

[2]ARCHAKIS A, TZANNE B. Constructing social identities through story-telling: tracing greekness in Greek narratives [J]. Pragmatics, 2009, 19(3): 341-360.

[3]AUSTIN J L. How to do things with words? [M]. Oxford: The Clarendon Press, 1962.

[4]BAMBERG M. Introduction to the volume[M]//BAMBERG M, DE FINA A, SCHIFFRIN D. Selves and identities in narrative and discourse. Amsterdam: John Benjamins, 2007: 1-8.

[5]BARNES R. Formulations and the facilitation of common agreement in meetings talk[J]. Text & talk, 2007, 27(3): 273-296.

[6]BELCHER D. Trends in teaching English for specific purposes [J]. Annual review of applied linguistics, 2004, 24(24): 165-186.

[7] BENWELL B, STOKOE E. Discourse and identity [M]. Edinburgh: Edinburgh University Press, 2006.

[8] BHATIA K V. Analyzing genre: language use in professional settings[M]. London: Routledge, 2013.

[9]BHATIA K V. Genre analysis, ESP and professional practice[J]. English for specific purposes, 2008, 27(2): 161-174.

[10]BLUM-KULKA S, HOUSE J, KASPER G. Cross-cultural pragmatics: requests and apologies[C]. Norwood, NJ: Ablex, 1989.

[11]BOGOCH B. Courtroom discourse and the gendered construction of professional identity[J]. Law & social inquiry, 1999, 24(2): 329-375.

[12]BREWER M B, GARDNER W. Who is this "We"? Levels of collective identity and self representations[J]. Journal of personality and social psychology,1996,71(1):83-93.

[13]BROWN G, GEORGE Y. Discourse analysis[M]. Cambridge: Cambridge University Press,1983.

[14]BROWN P, LEVINSON S. Politeness: some universals in language use[M]. Cambridge:Cambridge University Press,1987.

[15]BRUCE I. Results sections in sociology and organic chemistry articles:a genre analysis[J]. English for specific purposes,2008,28(2):105-124.

[16]BRYMAN A. Social research methods[M]. 5th ed. Oxford: Oxford University Press,2015.

[17]BUCHOLTZ M. "Why be normal?": language and identity practices in a community of nerd girls[J]. Language in society,1999,28(2):203-223.

[18]BUCHOLTZ M, HALL K. Identity and interaction: a sociocultural linguistic approach[J]. Discourse studies, 2005, 7(4-5): 585-614.

[19]BUCHOLTZ M, HALL K. Locating identity in language[M]// LIAMAS C, WATT D. Language and identities. Edinburgh: Edinburgh University Press,2010:18-28.

[20]CAMERON D. Working with spoken discourse[M]. London: Sage,2001.

[21]CHAN T. A corpus-based study of the expression of stance in dissertation acknowledgements [J]. Journal of English for academic purposes,2015(20):176-191.

[22]CHENG W. The pragmatics of Q & A interactions: public discourses in Hong Kong[M]//PAN Y L, KÁDÁR D. Chinese discourse and interaction: theory and practice. London: Equinox Publishing Ltd., 2013:248-270.

[23]CHIA-YEN L. An exploratory comparison of the use of modifiers by native speakers of English and Mandarin Chinese in academic

lectures[J]. Text & talk,2014,35(1):77-100.

[24]CICOUREL A. The interpretation of communicative contexts: examples from medical encounters[J]. Social psychology quarterly,1987, 50(2):217-226.

[25]CLIFTON J,VAN DE MIEROOP D. "Doing" ethos-a discursive approach to the strategic deployment and negotiation of identities in meetings[J]. Journal of pragmatics,2010,42(9):2449-2461.

[26]COULTHARD M. An introduction to discourse analysis[M]. London:Routledge,2014.

[27] COULTHARD M, BRAZIL D. Exchange structure [M]// COULTHARD M. Advances in spoken discourse analysis. London: Routledge,1992:50-78.

[28]DABBS J M. Temporal patterns of speech and gaze in social and intellectual conversation[M]//GILES H,CLAIR R. Recent advances in language,communication,and social psychology. London:Erlbaum,1985: 182-198.

[29]DECAPUA A,HUBER L. "If I were you…":advice in American English[J]. Multilingua,1995,14(2):117-132.

[30]DE FINA A, SCHIFFRIN D, BAMBERG M. Discourse and identity[M]. Cambridge:Cambridge University Press,2006.

[31]DE FINA A. The negotiation of identities[M]//LOCHER A, GRAHAM L. Interpersonal pragmatics. Berlin/New York: Mouton de Gruyter,2010:205-224.

[32]DREW P. Comparative analysis of talk-in-interaction in different institutional settings: a sketch [M]//GLENN P, LEBARON C, MANDELBAURN J. Studies in language and social interaction:in honor of Robert Hopper. Mahwah,NJ:Erlbaum,2003:293-308.

[33]DREW P. Integrating qualitative analysis of evaluative discourse with the quantitative approach of corpus linguistics[M]//CAMICIOTTI G,BONELLI E. Academic discourse-new insights into evaluation. Bern: Peter Lang,2004:217-229.

[34]DREW P, HERITAGE J. Talk at work: interaction in

institutional settings[M]. Cambridge:Cambridge University Press,1992.

[35]DREW P, HERITAGE J. Conversation analysis[M]. London: Sage,2006.

[36]DREW P,MARJA-LEENA S. Institutional dialogue[M]//VAN DIJK A T. Discourse as social interaction. London:Sage,1993:92-118.

[37]DUBOIS B L. Poster sessions at biomedical meetings:design and presentation[J]. English for specific purposes,1985,4(1):37-48.

[38]DUBOIS B L. "Something on the order of around forty to forty-four": imprecise numerical expressions in biomedical slide talks[J]. Language in society,1987,16(4):527-541.

[39]DUFF P. Problematizing academic discourse socialization[M]//MARRIOTT H,MOORE T,SPENCE-BROWN R. Learning discourse and the discourse of learning. Melbourne: Monash University Press,2007: 1-18.

[40]EDMONDSON W. Spoken discourse:a model for analysis[M]. London:Longman,1981.

[41]ENGLANDER K. Transformation of the identities of nonnative English-speaking scientists as a consequence of the social construction of revision[J]. Journal of language, identity, and education, 2009,8(1): 35-53.

[42]FAIRCLOUGH N. Language and power[M]. London:Longman Group UK Limited,1989.

[43]FERRARA A. An extended theory of speech acts[J]. Journal of pragmatics,1980,4(3):233-252.

[44]FETZER A. Recontextualizing context: grammaticality meets appropriatenss[M]. Amersterdam:John Benjamins,2004.

[45]FLICK U. An introduction to qualitative research[M]. 5th ed. London:Sage,2014.

[46]FLOWERDEW J,WANG H. Identity in academic discourse[J]. Annual review of applied linguistics,2015(35):81-99.

[47]FORMENTELLI M. Address strategies in a British academic setting[J]. Pragmatics,2009,19(2):179-196.

[48]GAO X. A cross-disciplinary corpus-based study on English and Chinese native speakers' use of linking adverbials in academic writing[J]. Journal of English for academic purposes,2016(24):14-28.

[49]GARFINKEL H. Studies in ethnomethodology[M]. Englewood Cliffs and NY:Prentice Hall,1991.

[50]GENG Y F, WHARTON S. Evaluative language in discussion sections of doctoral theses:similarities and differences between L1 Chinese and L1 English writers[J]. Journal of English for academic purposes,2016(22):80-91.

[51]GIVON T. Context as other minds:the pragmatics of sociality, cognition and communication[M]. Amsterdam:John Benjamins,2005.

[52]GRAHAM S L. Disagreeing to agree:conflict,(im) politeness and identity in computer-mediated community[J]. Journal of pragmatics, 2007,39(4):752-759.

[53]GRUNDY P. Doing pragmatics[M]. London:Edward Arnold, 1995.

[54]GU Y G. Doctor-patient interaction as goal-directed discourse in Chinese sociocultural context[J]. Journal of Asian pacific communication, 1996,7(3-4):156-176.

[55]GU Y G. Five ways of handling a bedpan-a tripartite approach to workplace discourse[J]. Text,1997,17(4):457-476.

[56]GU Y G. Towards a model of situated discourse analysis[M]// TURNER K. The semantics and pragmatics interface. Amsterdam: Elsevier Science Publisher,1999:149-178.

[57]GU Y G. Guanxi:backdoor practice as goal-directed discourse [M]//LI D. Discourse in search of members:in honor of Ron Scollon. Lanham:University Press of America,2002:273-298.

[58]GÜNTHNER S. Intercultural communication and the relevance of cultural specific repertoires of communicative genres [M]// KOTTHOFF H, SPENCER-OATEY H. Handbook of intercultural communication. Berlin:Mouton de Gruyter,2007:127-151.

[59]HABERMAS J. The theory of communicative action[M]. trans.

by MCCARTHY T. London: Heinemann, 1984.

[60] HALL J K. Who needs "identity"? [M]//HALL S, GAY P. Questions of cultural identity. London: Sage Publications, 1996: 1-17.

[61] HALLIDAY M A K, MARTIN J. Writing science: literacy and discursive power[M]. London: Falmer, 1993.

[62] HALLIDAY M A K, MATTHIESSEN C. An introduction to functional grammar[M]. London: Edward Arnold, 2004.

[63] HANCHER M. The classification of cooperative illocutionary acts[J]. Language in society, 1979, 8(1): 1-14.

[64] HELLER V, MOREK M. Academic discourse as situated practice: an introduction[J]. Linguistics and education, 2015(31): 174-186.

[65] HERITAGE J C, WATSON R D. Formulations as conversational objects[M]//PSATHAS G. Everyday language: studies in ethnomethodology. New York: Irvington Publisher, 1979: 123-162.

[66] HOLMES J. Functions of you know in women's and men's speech[J]. Language in society, 1986, 15(1): 1-22.

[67] HOLMES J. Story-telling at work: a complex discursive resource for integrating personal, professional and social identities[J]. Discourse Studies, 2005, 7(6): 671-700.

[68] HOOD S, FOREY G. Introducing a conference paper: getting interpersonal with your audience [J]. Journal of English for academic purposes, 2005, 4(4): 291-306.

[69] HONG Y Y, WAN C, NO S, et al. Multicultural identities[M]//KITAYAMA S, COHEN D. Handbook of cultural psychology. New York: The Guilford Press, 1997: 323-345.

[70] HOUSLEY W, FITZGERALD R. Introduction to membership categorisation analysis[M]//FITZGERALD R, HOUSLEY W. Advances in membership categorisation analysis. London: Sage, 2015: 1-21.

[71] HU GW, CAO F. Hedging and boosting in abstracts of applied linguistics articles: a comparative study of English and Chinese-medium journals[J]. Journal of pragmatics, 2011, 43(11): 2795-2809.

[72] HUCKIN T. Electronic genres and what they mean for genre

theory and pedagogy: some thoughts[M]//HULT C, HUCKIN T. The new century handbook. 4th ed. New York:Pearson Longman,2008:70-80.

[73]HUDSON R A. The meaning of questions[J]. Language,1975, 51(1):1-31.

[74] HYLAND K. Authority and invisibility: authorial identity in academic writing[J]. Journal of pragmatics,2002a,34(8):1091-1112.

[75] HYLAND K. Options of identity in academic writing[J]. ELT journal,2002b,56(4):351-358.

[76] HYLAND K. Genre-based pedagogies: a social response to process[J]. Journal of second language writing,2003,12(1):17-29.

[77] HYLAND K. Academic discourse: English in a global context [M]. London:Continuum International Publishing Group,2009.

[78]HYLAND K. Disciplinary identities:individuality and community in academic discourse [M]. Cambridge: Cambridge University Press,2012a.

[79] HYLAND K. Individuality or conformity? Identity in personal and university academic homepages [J]. Computers and composition, 2012b,29(4):309-322.

[80] HYLAND K. Genre, discipline and identity [J]. Journal of English for academic purposes,2015(19):32-43.

[81] HYLAND K, JANG F. Is academic writing becoming more informal? [J]. English for specific purposes,2017(45):40-51.

[82]HYLAND K,PALTRIDGE B. Continuum company to discourse analysis[M]. London:Continuum International Publishing Group,2011.

[83]HYMES D. Models of the interaction of language and social life [M]//GUMPERZ J, HYMES D. Directions in sociolinguistics: the ethnography of communication. Oxford:Blackwell,1972:33-71.

[84]IGE B. Identity and language choice:"We equals I"[J]. Journal of pragmatics,2010,42(11):3047-3054.

[85] ITAKURA H, TSUI A. Evaluation in academic discourse: managing criticism in Japanese and English book reviews[J]. Journal of pragmatics,2011,43(5):1366-1379.

[86]ITAKURA H. Hedging praise in English and Japanese book reviews[J]. Journal of pragmatics,2013,45(1):131-148.

[87]JACOBY S, ELINOR O. Co-construction: an introduction[J]. Research on language and social interaction,1995,28(3):171-183.

[88]JANG F. Nominal stance construction in L1 and L2 students writing[J]. Journal of English for academic purposes,2015(20):90-102.

[89]JOHNSON R B, ONWUEGBUZIE A J. Mixed methods research: a research paradigm whose time has come[J]. Educational researcher,2004,33(7):14-26.

[90]KAWASE T. Metadiscourse in the introductions of PhD theses and research articles[J]. Journal of English for academic purposes,2015(20):114-124.

[91]KERBRAT-ORECCHIONI C. Interaction ritual: essays on face-to-face behavior[M]. Paris: Armand Colin,2005.

[92]KIRKUP G. Academic blogging: academic practice and academic identity[J]. London review of education,2010,8(1):75-84.

[93]KONG K. Professional discourse[M]. Cambridge: Cambridge University Press,2014.

[94]KONZETT C. Any questions? identity construction in academic conference discussions[M]. Boston: De Gruyter Mouton,2012.

[95]KROSKRITY P. Identity[J]. Journal of linguistic anthropology, 2000,9(1-2):111-114.

[96]LAKOFF R. Language and woman's place[M]. New York: Harper & Row,1975.

[97]LAVE J, WENGER E. Situated learning: legitimate peripheral participation[M]. Cambridge: Cambridge University Press,1991.

[98]LAZARATON A. Evaluative criteria for qualitative research in applied linguistics: whose criteria and whose research? [J]. The modern language journal,2003,87(1):1-12.

[99]LE PAGE R, TABOURET-KELLER A. Acts of identity: creole-based approaches to language and ethnicity[M]. New York: Cambridge University Press,1985.

[100]LEECH G. Principles of pragmatics[M]. London: Longman, 1983.

[101]LEVINSON S. Pragmatics [M]. Cambridge: Cambridge University Press,1983.

[102]LEVINSON S. Activity types and language[M]//DREW P, HERITAGE J. Talk at work: interaction in institutional settings. Cambridge:Cambridge University Press,1992:66-100.

[103]LI X T. Multimodality,interaction and turn-taking in Mandarin conversation[M]. Amsterdam:John Benjamins,2014.

[104]LIAO M Z. A study of courtroom questions,responses and their interaction[M]. Beijing:Law Press,2004.

[105]LIAO M Z. A study of interruption in Chinese criminal courtroom discourse[J]. Text & talk,2009,29(2):175-200.

[106]LIMBERG H. Discourse structure of academic talk in university office hour interactions[J]. Discourse studies,2007,9(2):176-193.

[107]LIMBERG H,GELUYKENS R. Spoken academic discourse: a critical review[M]//GELUY-KENS R,KRAFT B. Institutional discourse in cross-cultural contexts. München:Lincom Europa,2008:245-270.

[108]LIMBERG H. The interactional organization of academic talk: office hour consultations[M]. Amsterdam:John Benjamins,2010.

[109]LIU S. An experimental study of the classification and recognition of Chinese speech acts[J]. Journal of pragmatics,2011,43(6): 1801-1817.

[110]LIU Y L,ZHAO J. Suggestions in teacher-student conferences [J]. Arizona working papers in SLA & teaching,2007(14):59-74.

[111]LOCHER M A,HOFFMANN S. The emergence of the identity of a fictional expert advice-giver in an American internet advice column [J]. Text & talk,2006,26(1):69-106.

[112]CHEK-KIM LOI, JASON MIIN-HWA LIM, SUE WHARTON. Expressing an evaluative stance in English and Malay research article conclusions: international publications versus local publications [J]. Journal of English for academic purposes,2016(21):1-16.

[113]LUZÓN M. Your argument is wrong a contribution to the study of evaluation in academic weblogs[J]. Text & talk,2012,32(2):145-165.

[114]MARIOTTI C. Genre Variation in academic spoken English:the case of lectures and research conference presentations[M]//MACI S, SALA M. Genre variation in academic communication: emerging disciplinary trends. Italy:CELSB Libreria,2012:63-84.

[115] MARTOM J R. Process and text: two aspects of human semiosis[M]//BENSON J, GREAVES W. Systemic perspectives on discourse Vol. 1. Norwood,NJ:Ablex,1985:248-274.

[116]MARTOM J R,JOAN R. What a functional approach to the writing task can show teachers about "good writing"[M]//COUTURE B. Functional approaches to writing: research perspectives. Norwood, NJ: Ablex,1986:241-265.

[117]MATOESIAN G M. The grammaticalization of participant roles in the constitution of expert identity[J]. Language in society,1999,28(4): 491-521.

[118]MEY J. Pragmatics[M]. Oxford:Blackwell,1993.

[119] MEY J. Pragmatics: an introduction[M]. 2nd ed. Oxford: Blackwell,2001.

[120]MIGGE B. Negotiating social identities on an Eastern Maroon radio show[J]. Journal of pragmatics,2011,43(6):1498-1511.

[121]MILLER C R. Genre as social action[J]. Quarterly journal of speech,1984,70(2):151-167.

[122] MILLER S. Social action[M]. Cambridge: Cambridge University Press,1938.

[123]MU C J,ZHANG J,EHRICH J,et al. The use of metadiscourse for knowledge construction in Chinese and English research articles[J]. Journal of English for academic purposes,2015(20):135-148.

[124]MURPHY B C,DILLON C. Interviewing in action: relationships, process,and change[M]. Pacific Grove,California:Brooks/Cole Publishing Company,2003.

[125]NIGLAS K. The multidimensional model of research methodology:

an integrated set of continua[M]//TASHAKKORI A, TEDDLIE C. Sage handbook of mixed methods in social & behavioral research. 2nd ed. Thousand Oaks: Sage, 2010: 215-236.

[126]O'BOYLE A. "You" and "I" in university seminars and spoken learner discourse[J]. Journal of English for academic purposes, 2014(16): 40-56.

[127]OLIVEIRA A, SADLER T, SUSLAK D. The linguistic construction of expert identity in professor-student discussions of science [J]. Cultural studies of science education, 2007, 2(1): 119-150.

[128] OMONIYI T. Hierarchy of identities [M]//OMONIYI T, WHITE G. The sociolinguistics of identity. New York: Continuum, 2006a: 11-33.

[129] OMONIYI T, WHITE G. Introduction [M]//OMONIYI T, WHITE G. The sociolinguistics of identity. New York: Continuum, 2006b: 1-8.

[130] PAN Y L. What are Chinese respondents responding to? A close examination of question-answer sequences in survey interviews [M]//PAN YULING, KÁDÁR D. Chinese discourse and interaction: theory and practice. London: Equinox Publishing Ltd, 2013: 151-173.

[131]PECCEI J S. Pragmatics[M]. London: Routledge, 1999.

[132] PENMAN R. Facework and politeness: multiple goals in courtroom discourse[J]. Journal of language and social psychology, 1990, 9 (1-2): 15-38.

[133] ROWLEY-JOLIVET E. Visual discourse in scientific conference papers: a genre-based study[J]. English for Specific Purposes, 2002, 1(1): 19-40.

[134] ROWLEY-JOLIVET E, CARTER-THOMAS S. The rhetoric of conference presentation introductions: context, argument and interaction [J]. International journal of applied linguistics, 2005a, 15(1): 45-70.

[135] ROWLEY-JOLIVET E, CARTER-THOMAS S. Genre awareness and rhetorical appropriacy: manipulation of information structure by NS and NNS scientists in the international conference setting[J]. Journal of

English for specific purposes,2005b,24(1):41-64.

[136] SACKS H, JEFFERSON G. Lectures on conversation[C]. Oxford:Blackwell Publishing Ltd,1992.

[137] SACKS H, SCHEGLOFF E, JEFFERSON G. A simplest systematics for the organization of turn-taking in conversation [J]. Language,1974,50(4):696-735.

[138] SAMAR R, TALEBZADEH H, KIANY G, et al. Moves and steps to sell a paper-applied linguistics conference abstracts[J]. Text & talk,2014,34(6):759-785.

[139] SAMRAJ B. Introductions in research articles:variations across disciplines[J]. English for specific purposes,2002,21(1):1-17.

[140] SARANGI S, ROBERTS C. The dynamics of interactional and institutional orders in work-related settings [M]//SARANGI S, ROBERTS C. Talk, work and institutional order: discourse in medical, mediation and management settings. Berlin and New York: Mouton de Gruyter,1999:1-60.

[141] SCHEGLOFF E A. In another context[M]//DURANTI A, GOOGWIN C. Rethinking context: language as an interactive phenomenon. Cambridge:Cambridge University Press,1992:191-227.

[142] SCHEGLOFF E A. A tutorial on membership categorization [J]. Journal of pragmatics,2007,39(3):462-482.

[143] SCHEGLOFF E A. Sequencing in conversation openings[M]// 何兆熊. 语用学文献选读. 上海:上海外语教育出版社,2003:839-928.

[144] SCHNURR S, MARRA M, HOLMES J. Being (im)polite in New Zealand workplaces: Māori and Pākehā leaders [J]. Journal of pragmatics,2007,39(4):712-729.

[145] SCHIFFRIN D. Discourse markers[M]. Cambridge:Cambridge University Press,1987.

[146] SEARLE J. Speech acts:an essay in the philosophy of language [M]. Cambridge:Cambridge University Press,1969.

[147] SEARLE J. Expressions and meaning:studies in the theory of speech acts[M]. Cambridge:Cambridge University Press,1979.

[148]SEARLE J. Indirect speech acts[M]//COLE P, MORGAN J. Syntax and semantics. New York: Academic Press, 1975: 59-82.

[149] SEARLE J. Speech acts [M]. Beijing: Foreign Language Teaching and Research Press, 2001.

[150]SEARLE J, PARRET H, VERSCHUEREN J. (On) Searle on conversation[C]. Amsterdam: John Benjamins, 1992.

[151]SHALOM C. Established and evolving spoken research process genres: plenary lecture and poster session discussions at academic conferences[J]. English for academic purposes, 1993, 12(1): 37-50.

[152]SHALOM C. The academic conference: a forum for enacting genre knowledge [M]//VENTOLA E, SHALOM C, SUSAN T. The language of conferencing. Frankfurt am Main: Peter Lang, 2002: 51-68.

[153]SHIAO-YUN C. Pursuing a response in office hour interactions between US college students and international teaching assistants [J]. Journal of pragmatics, 2011, 43(14): 3316-3330.

[154]SIMON B. Identity in modern society: a social psychological perspective[M]. Oxford: Blackwell, 2004.

[155]SPENCER-OATEY H. Culturally speaking: managing rapport through talk across cultures[M]. Shanghai: Shanghai Foreign Language Education Press, 2007.

[156]SPENCER-OATEY H. Culturally speaking: culture, communication and politeness theory[M]. London: Continuum International Publishing Group, 2008.

[157]SPENCER-OATEY H, RUHI S. Identity, face and (im) politeness[J]. Journal of pragmatics, 2007, 39(4): 635-638.

[158]STRATTON P, HAYERS N. A student's dictionary of psychology[M]. 3rd ed. London: Arnold, 1999.

[159]STRYKER S. Identity theory[M]//BORGATTA E, BORGATTA M. Encyclopedia of sociology (volume 2). New York: Macmillan, 1992: 871-876.

[160]STUART D. Digital domains: nation, state and virtual territory [J]. Paideusis-Journal for interdisciplinary and cross-cultural studies, 1999

(2):27-42.

[161]STUBBS M. Discourse analysis: the sociolinguistic analysis of natural language[M]. Chicago: The University of Chicago Press, 1983.

[162]SUOMELA-SALMI E, DERVIN F. Cross-linguistic and cross-cultural perspectives on academic discourse [M]. Amsterdam: John Benjamins, 2009.

[163]SWALES J M. Genre analysis: English in academic and research settings[M]. Cambridge: Cambridge University Press, 1990.

[164]SWALES J M. Other floors other voices[M]. Mahwah, NJ: Earlbaum, 1998.

[165]SWALES J M. The language of conferencing[J]. Applied linguistics, 2003, 24(4): 549-551.

[166]SWALES J M. Research genres: explorations and applications [M]. Cambridge: Cambridge University Press, 2004.

[167]TAJFEL H. Human groups and social categories: studies in social psychology[M]. Cambridge: Cambridge University Press, 1981.

[168]TAJFEL H, TURNER J. The social identity theory of intergroup behavior[M]//WORCHEL S, AUSTION W. Psychology of intergroup relations. 2nd ed. Chicago, IL: Nelson-Hall, 1986: 7-24.

[169]THOMAS J. Pragmatics: lecture notes[M]. Lancaster: Lancaster University, 1991.

[170]THOMBORROW J. Power talk: language and interaction in institutional discourse[M]. Harlow: Longman, 2002.

[171]TRACY K. Colloquium: dilemmas of academic discourse[M]. Norwood, NJ: Ablex, 1997.

[172]TRACY K. Everyday talk: building and reflecting identities [M]. 1st ed. New York: The Guilford Press, 2002.

[173]TRACY K. How questioning constructs judge identities: oral argument about same-sex marriage[J]. Discourse studies, 2009, 11(2): 199-221.

[174]TRACY K. Identity-work in appellate oral argument: Ideological identities within a professional one[M]//ANGOURI J, MARRA M.

Constructing identities at work. New York: Palgrave Macmillan, 2011: 175-199.

[175]TRACY K,BARATZ S. Intellectual discussion in the academy as situated discourse[J]. Communication monographs, 1993a, 60(4): 300-320.

[176]TRACY K, CARJUZÄA J. Identity enactment in intellectual discussion[J]. Journal of language and social psychology,1993b,12(3): 171-194.

[177]TRACY K,DIMOCK A. Meetings:discursive sites for building and fragmenting community[M]//KALBFLEISCH P. Communication yearbook 28. Mahwah,NJ:Erlbaum,2004:127-164.

[178]TRACY K,NAUGHTON J. The identity work of questioning in intellectual discussion[J]. Communication monographs, 1994, 61(4): 281-302.

[179]TRACY K,ROBLES J. Everyday talk: building and reflecting identities[M]. 2nd ed. New York:The Guilford Press,2013.

[180]VAN DE MIEROOP D. An integrated approach of quantitative and qualitative analysis in the study of identity in speeches[J]. Discourse and society,2005,16(1):107-130.

[181]VAN DE MIEROOP D. The complementarity of two identities and two approaches: quantitative and qualitative analysis of institutional and professional identity[J]. Journal of pragmatics, 2007, 39(6): 1120-1142.

[182]VAN DE MIEROOP D. Co-constructing identities in speeches: how the construction of an "other" identity is defining for the "self" identity and vice versa[J]. Pragmatics,2008,18(3):491-509.

[183]VAN DE MIEROOP D. Making transportable identities relevant as a persuasive device[J]. Hermes-Journal of language and communication studies,2010,44(44):229-239.

[184]VAN DE MIEROOP D. Identity negotiation in narrative accounts about poverty[J]. Discourse and society,2011,22(5):565-591.

[185]VAN DIJK T A. Discourse as structure and process[M].

London:Sage Publications,1997.

[186] VASSILEVA I. Argumentative strategies in conference discussion sessions[M] //SUOMELA-SALMI E, DERVIN F. Cross-linguistic and cross-cultural perspectives on academic discourse. Amsterdam: John Benjamins,2009:219-240.

[187]VENTOLA E. Generic and register qualities of texts and their realization[M]//FRIES P, GREGORY M. Discourse in society: systemic functional perspectives. Norwood, NJ: Ablex Publishing Corporation, 1995:3-28.

[188]VENTOLA E. Semiotic spanning at conferences: cohesion and coherence in and across conference papers and their discussions[M]// BUBLITZ W, LENK U, VENTOLA E. Coherence in spoken and written discourse. Amsterdam:John Benjamins,1999:101-123.

[189] VENTOLA E. Why and what kind of focus on conference presentations? [M]//VENTOLA E, SHALOM C, THOMPSON S. The language of conferencing. Frankfurt:Peter Lang,2002:15-49.

[190] VENTOLA E. Lexical density and grammatical intricacy in conferencing[M]//DELUYKENS R, KRAFT B. Institutional discourse in cross-cultural contexts. München:Lincom Europa,2008:272-285.

[191]VERSCHUEREN J. Pragmatics as a theory of linguistic adaptation[M]. London:Edward Arnold,1987.

[192] VERSCHUEREN J. Understanding pragmatics[M]. Beijing: Foreign Language Teaching and Research Press,2000.

[193] VERSCHUEREN J. Context and structure in a theory of pragmatics[J]. Studies in pragmatics,2008a(10):14-24.

[194] VERSCHUEREN J. Intercultural communication and the challenge of migration[J]. Language and intercultural communication, 2008b,8(1):21-35.

[195] VÖGE M. Local identity processes in business meetings displayed through laughter in complaint sequences [J]. Journal of pragmatics,2010,42(6):1556-1576.

[196]WANG W H, YANG C S. Claiming centrality as promotion in

applied linguistics research article introductions[J]. Journal of English for academic purposes, 2015(20): 162-175.

[197]WBEEBER P. 1997. From argumentation to argument: interaction in the conference hall[J]. Asp, 1997, 15(18): 439-450.

[198]WBEEBER P. The paper is now open for discussion[M]// SHALOM C, VENTOLA E, THOMPSON S. The language of conferencing. Frankfurt: Peter Lang, 2002: 227-253.

[199] WEITZMAN E. Roles and identities in news interviews: the Israeli context[J]. Journal of pragmatics, 2006, 38(2): 154-179.

[200] WENGER E. Communities of practice: learning, meaning and identity[M]. Cambridge: Cambridge University Press, 1998.

[201]WENGER E, MCDERMOTT R, SNYDER W. Cultivating communities of practice: a guide to managing knowledge[M]. Boston, MA: Harvard Business School Press, 2002.

[202]WIDDOWSON H. On the limitations of linguistics applied[J]. Applied linguistics, 2000, 21(1): 3-25.

[203] WULFF S, SWALES J, KELLER K. "We have about seven minutes for questions": the discussion sessions from a specialized conference[J]. English for academic purposes, 2009, 28(2): 79-92.

[204] YUAN Z M. Understanding identity discourse[J]. Journal of multicultural discourses, 2013a, 8(1): 79-85.

[205] YUAN Z M. Analyzing identities in discourse: a book review [J]. Pragmatics and society, 2013b, 4(1): 120-126.

[206] YULE G. Pragmatics [M]. Oxford: Oxford University Press, 1996.

[207] YUS F. Cyberpragmatics: internet-mediated communication in context[M]. Amsterdam: John Benjamins, 2011.

[208]ZIMMERMAN D H. The interactional organization of calls for emergency assistance[M]//DREW P, HERITAGE J. Talk at work: interaction in institutional settings. Cambridge: Cambridge University Press, 1992: 418-469.

[209] ZIMMERMAN D H. Identity, context and interaction[M]//

ANTAKI C, WIDDICOMBE S. Identities in talk. London: Sage, 1998: 87-106.

[210] 艾尔·巴比. 社会研究方法 [M]. 10版. 邱泽奇, 译. 北京: 华夏出版社, 2005.

[211] 柴同文. 学术致谢的语类结构及其功能变体研究 [J]. 外语教学, 2012, 33 (6): 24-28, 34.

[212] 曹炜. 现代汉语中的称谓语和称呼语 [J]. 江苏大学学报 (社会科学版), 2005, 7 (2): 62-69.

[213] 陈倩, 冉永平. 有意不礼貌环境下身份构建的和谐——调整语用取向 [J]. 外语与外语教学, 2013 (6): 15-18, 28.

[214] 陈新仁. 论语用平衡 [J]. 外语学刊, 2004 (6): 42-47.

[215] 陈新仁. 语用身份: 动态选择与话语建构 [J]. 外语研究, 2013 (4): 27-32.

[216] 陈新仁. 语用学视角下的身份研究——关键问题与主要路径 [J]. 现代外语, 2014a, 37 (5): 702-710.

[217] 陈新仁. 基于社会建构论的语用能力观 [J]. 外语研究, 2014b (6): 1-7.

[218] 陈新仁. 基于社会建构论的英语语用教学探析 [J]. 中国外语教育 (季刊), 2015, 8 (3): 3-10.

[219] 陈新仁. 语用学研究: 学术创新与文本呈现 [J]. 福建师范大学学报 (哲学社会科学版), 2017 (2): 91-96.

[220] 陈新仁. 语用身份论: 如何用身份话语做事 [M]. 北京: 北京师范大学出版社, 2018.

[221] 陈新仁, 等. 语用学视角下的身份与交际研究 [M]. 北京: 高等教育出版社, 2013.

[222] 陈新仁, 李梦欣. 学术语境下的身份冲突及话语策略——基于学术会议主持人话语的分析 [J]. 外语研究, 2016 (2): 16-22, 112.

[223] 董平荣. 试论语言与身份研究中话语分析的整合视角 [J]. 外语与外语教学, 2009 (7): 8-11.

[224] 董平荣. 多重身份关系在机构会话中的再现与重构 [J]. 外语教学, 2012a (1): 51-55.

[225] 董平荣. 机构话语中的身份维持与建构——英国导师和中国

学生学术交谈的多模式话语分析 [M]. 北京：高等教育出版社，2012b.

[226] 恩格斯. 卡尔·格律恩“从人的观点论歌德” [M] //马克思，恩格斯. 马克思恩格斯全集：第4卷. 北京：人民出版社，1995：247.

[227] 费尔巴哈. 费尔巴哈哲学著作选集 [M]. 荣震华，王太庆，刘磊，译. 北京：生活·读书·新知三联书店，1962.

[228] 顾曰国. 什么是会话修辞学 [J]. 外语教学与研究，1989 (2)：8-15，80.

[229] 顾曰国. 语料库与语言研究 [J]. 当代语言学，1998 (1)：1-3.

[230] 顾曰国. 顾曰国语言学海外自选集 [M]. 北京：外语教学与研究出版社，2010.

[231] 谷小娟，李艺. 语言与身份构建：相关文献回顾 [J]. 外语学刊，2007 (6)：101-108.

[232] 郭亚东. 学术话语中女性学者的身份建构研究 [J]. 外语研究，2016 (2)：29-32，38.

[233] 哈贝马斯. 交往行为理论 [M]. 曹卫东，译. 上海：上海人民出版社，2004.

[234] 何荷，陈新仁. 网店店主关系身份建构的语用研究 [J]. 现代外语，2015，38 (3)：347-356.

[235] 何雅媚. 言语交际中亲疏关系信息的传递 [J]. 外语学刊，2009 (5)：85-87.

[236] 何兆熊. 新编语用学概要 [M]. 上海：上海外语教育出版社，1999.

[237] 何自然，陈新仁. 当代语用学 [M]. 北京：外语教学与研究出版社，2004.

[238] 何自然. 什么山上唱什么歌——社会语用身份建构与认同 [J]. 外国语文研究，2015 (1)：12-19.

[239] 黑玉琴，黑玉芬. 国外学术语篇研究的新趋势 [J]. 外语学刊，2012 (1)：89-93.

[240] 黑玉琴. 跨学科视角的话语分析研究 [M]. 北京：北京大学出版社，2013.

[241] 胡瑾，曾蕾. 学术会议英语演讲语篇多模式语言符号意义构

建［J］. 外语与外语教学，2007（3）：12-15.

［242］胡文芝. 心理治疗话语的语用特征研究［M］. 厦门：厦门大学出版社，2014.

［243］黄萍. 意向性·言语行为·目的原则［J］. 外语学刊，2009（4）：69-72.

［244］黄萍. 中国侦察询问话语语用研究［D］. 武汉：华中师范大学，2010.

［245］黄萍. 问答互动中的言语行为选择——侦查讯问话语语用研究之四［J］. 外语学刊，2014（1）：69-77.

［246］江玲. 再现与重构：社会转型期庭审话语中的法官身份构建［M］. 北京：中国政法大学出版社，2014.

［247］江晓红，周榕. 语用学研究的多元视角——第十一届国际语用学研讨会述评［J］. 现代外语，2009，32（4）：434-435.

［248］景晓平，陈新仁. 语用·认知与习得——第十届全国语用学研讨会述评［J］. 外语学刊，2007（6）：150-155.

［249］柯贤兵. 中国法庭调解话语博弈研究［M］. 武汉：华中师范大学出版社，2016.

［250］柯贤兵. 法庭调解称谓语礼貌博弈研究［J］. 湖北社会科学，2013（11）：118-121.

［251］李成团. 指示语选择的视点定位与身份构建［J］. 外语教学，2010，31（5）：15-19.

［252］李成团. 虚假礼貌的实现方式及语用特征分析［J］. 外国语，2014，37（2）：42-51.

［253］李娟. 语用身份视角下的博士论文致谢语研究［J］. 外语研究，2016（2）：33-38.

［254］李琼. 当代中国汉语社会称谓语变迁的研究［J］. 西北大学学报（哲学社会科学版），2011，41（6）：74-77.

［255］廖美珍. 问答：法庭话语互动研究［D］. 北京：中国社会科学院，2002.

［256］廖美珍. 法庭问答及其互动研究［M］. 北京：法律出版社，2003.

［257］廖美珍. 答话研究——法庭答话启示［J］. 修辞学习，2004a

(5)：29-34.

[258] 廖美珍. 目的原则与法庭互动话语合作问题研究 [J]. 外语学刊，2004b (5)：43-52.

[259] 廖美珍. “目的原则” 和目的分析——语用研究新途径探索 [J]. 修辞学习，2005a (3)：1-10；(4)：5-11.

[260] 廖美珍. 目的原则与语篇连贯分析 [J]. 外语教学与研究，2005b (5)：351-357，400.

[261] 廖美珍. 中国法庭互动话语 formulation 现象研究 [J]. 外语研究，2006 (2)：1-13.

[262] 廖美珍. 法庭语言技巧 [M]. 北京：法律出版社，2009a.

[263] 廖美珍. 目的原则与交际模式研究 [J]. 外语学刊，2009b (4)：62-64.

[264] 廖美珍. 目的原则与交际模式研究（续） [J]. 外语学刊，2009c (6)：101-109.

[265] 廖美珍. 目的原则与语境动态性研究 [J]. 解放军外语学院学报，2010 (4)：1-5.

[266] 廖美珍. 目的原则和言语行为互动研究 [J]. 外语学刊，2012a (5)：23-30.

[267] 廖美珍. 法庭话语打断现象与性别研究 [J]. 当代修辞学，2015 (1)：43-55.

[268] 廖美珍，韩大伟. 语境创造论 [J]. 湖北大学学报（哲学社会科学版），2012b (5)：108-112.

[269] 刘丹青. 句类及疑问句和祈使句：《语法调查研究手册》节选 [J]. 语言科学，2005，4 (5)：78-98.

[270] 刘辉. 学术论文摘要的目的连贯模式研究 [J]. 外语学刊，2013 (1)：71-75.

[271] 刘辉. 机构性话语研究的语言游戏观 [J]. 学理论，2014 (5)：150-151.

[272] 刘兴兵. 中国医患门诊会话的语用研究 [D]. 武汉：华中师范大学，2008.

[273] 柳淑芬. 中英文论文摘要中作者的自称语与身份构建 [J]. 当代修辞学，2011 (4)：85-88.

[274] 罗桂花. 庭审话语立场研究 [M]. 合肥：黄山书社，2019a.

[275] 罗桂花，邹研. 机构公开道歉言语行为研究 [J]. 邵阳学院学报，2019b (3)：82-86.

[276] 吕殊佳，黄萍. 语用目的原则与机构性话语研究 [J]. 外语学刊，2015 (3)：62-65.

[277] 吕叔湘. 中国文法要略 [M]. 北京：商务印书馆，1982.

[278] 吕万英. 司法调解话语中的冲突性打断 [J]. 解放军外国语学院学报，2006 (6)：22-26.

[279] 马静，祁亚伟. 学术论文引言中的修辞劝说模式 [J]. 外语教学，2016 (6)：32-36.

[280] 毛浩然，徐赳赳. 话语，权力及其操纵——《话语与权力》评述 [J]. 外国语，2009，32 (5)：91-95.

[281] 毛延生. 顺应论视角下英语疑问附加语的实证研究 [D]. 南京：南京大学，2009.

[282] 穆从军. 修辞结构理论视角下英汉学术论文摘要的修辞关系对比研究 [J]. 现代外语，2016，39 (1)：97-107.

[283] 潘攀. 论亲属称谓语的泛化 [J]. 语言文字应用，1998 (2)：34-38.

[284] 鹏明. 谈启发式提问的艺术 [J]. 课程·教材·教法，1990 (10)：44，48.

[285] 钱冠连. 汉语文化语用学 [M]. 北京：清华大学出版社，2002.

[286] 邱辉. 英汉语言学论文引言的态度资源对比分析 [J]. 天津外国语大学学报，2013，20 (2)：17-24.

[287] 冉永平. 语用学传统议题的深入研究新兴议题的不断拓展——第十届国际语用学研讨会述评 [J]. 外语教学，2007a (6)：6-10.

[288] 冉永平. 指示语选择的语用视点、语用移情与离情 [J]. 外语教学与研究，2007b，39 (6)：331-337，400.

[289] 冉永平，方晓国. 语言顺应论视角下反问句的人际语用功能研究 [J]. 现代外语，2008，31 (4)：351-359.

[290] 冉永平. 当代语用学研究的跨学科多维视野 [J]. 外语教学与研究，2011 (5)：763-771.

[291] 冉永平. 语用学研究的复合性特征 [J]. 外国语文，2012 (5)：7.

[292] 任育新. 英语话语重述现象的语用分析 [J]. 东北大学学报 (社会科学版)，2012，14 (6)：549-554.

[293] 任育新. 汉语学术互动中的建议话语序列特征研究 [J]. 暨南学报 (哲学社会科学版)，2013a (3)：154-160.

[294] 任育新. 学术建议中专家个人身份建构的顺应性研究 [J]. 外语与外语教学，2013b (6)：6-10.

[295] 任育新. 学术口语互动中专家建议者的身份建构策略 [M] // 陈新仁. 语用学视角下的身份与交际研究. 北京：高等教育出版社，2013c：118-152.

[296] 任育新. 言语交际中身份研究的多视角及其整合 [J]. 广州大学学报 (社会科学版)，2013d，12 (1)：62-67.

[297] 任育新. 学术建议中的身份建构 [M]. 天津：南开大学出版社，2014.

[298] 任育新. 学术互动中权势关系建构的语用分析 [J]. 现代外语，2015，38 (2)：147-158，291.

[299] 任育新. 学术会话中人称代词身份建构功能研究 [J]. 外语研究，2016 (2)：23-28.

[300] 邵敬敏. 现代汉语疑问句研究 [M]. 上海：华东师范大学出版社，1996.

[301] 施旭. 文化话语研究：探索中国的理论，方法与问题 [M]. 北京：北京大学出版社，2010.

[302] 商务印书馆辞书研究中心. 古今汉语词典 [Z]. 北京：商务印书馆，2000.

[303] 粟进英，李经伟. 言语适应理论与身份研究述评 [J]. 外语教学，2010，31 (6)：38-41.

[304] 孙莉. 中国硕士学位论文英文摘要的语用身份建构研究 [J]. 外语与外语教学，2015 (5)：15-21.

[305] 孙咏梅. 研究生导师组集体身份的话语建构研究——以导师组“我们”的使用为例 [J]. 外语与外语教学，2013 (6)：11-14.

[306] 唐建萍. 英汉学术论文中作者身份构建的对比研究 [M]. 北

京：中国社会科学出版社，2017.

[307] 王晋军. 会话中问句的批评性分析 [M]. 厦门：厦门大学出版社，2006.

[308] 王虹，束定芳. 言语平等关系与心理平衡结构 [J]. 外国语(上海外国语大学学报)，1994 (3)：5-11.

[309] 王雪玉. 文学语篇中的礼貌探微 [J]. 外语教学，2006，27 (4)：47-49.

[310] 王颖冲. 从“父与子”谈《狼图腾》中的拟亲属称谓及其英译 [J]. 中国翻译，2009 (1)：68-70，93.

[311] 维索尔伦. 语用学诠释 [M]. 钱冠连，霍永寿，译. 北京：清华大学出版社，2003.

[312] 文秋芳，林琳. 2016. 2001—2015 年应用语言学研究方法的使用趋势 [J]. 现代外语，2016，39 (6)：842-852.

[313] 吴格奇. 学术论文作者自称与身份构建——一项基于语料库的英汉对比研究 [J]. 解放军外国语学院学报，2013 (3)：6-11.

[314] 吴晶晶. 中国法庭判决书语篇实据性研究 [M]. 厦门：厦门大学出版社，2018.

[315] 吴鹏，王海啸. 当代西方话语研究述评与本土化反思 [J]. 现代外语，2014，37 (2)：261-269.

[316] 夏丹. 目的原则视角中的民事法官庭审话语 [J]. 湖北社会科学，2012a (6)：124-129.

[317] 夏丹，廖美珍. 民事审判话语中人称指示语的变异与身份建构 [J]. 华中师范大学学报：人文社会科学版，2012b，51 (2)：119-124.

[318] 夏芳. 论文答辩中教师话语身份特征研究——一场英文硕士论文答辩的个案分析 [J]. 中国外语教育，2009a，2 (3)：119-121.

[319] 夏芳. 社会语言学中的身份研究 [J]. 作家杂志，2009b，(6)：157-158.

[320] 夏甄陶. 关于目的哲学 [M]. 上海：上海人民出版社，1982.

[321] 肖涌. 汉英致歉策略在社会距离中的分布 [J]. 西南交通大学学报，2005，6 (5)：75-78.

[322] 谢群. 商务谈判话语互动研究 [D]. 武汉：华中师范大

学，2013.

[323] 邢福义. 汉语语法学 [M]. 长春：东北师范大学出版社，1996.

[324] 邢公畹. 现代汉语教程 [M]. 天津：南开大学出版社，1992.

[325] 徐昉. 中国学生英语学术写作中身份语块的语料库研究 [J]. 外语研究，2011 (3)：57-63.

[326] 徐来娟. 英语学术讲座话语的评价及其语类结构 [D]. 重庆：西南大学，2013.

[327] 徐敏，陈新仁. 课堂语境下大学英语教师的身份建构及顺应性 [J]. 外语教学，2015 (3)：50-54.

[328] 亚里士多德. 修辞学 [M]. 罗念生，译. 上海：上海人民出版社，2006.

[329] 杨林秀. 英文学术论文中的作者身份构建：言据性视角 [J]. 外语教学，2015，36 (2)：21-25.

[330] 杨欣然. 二语学术写作中的自我指称与作者身份建构 [J]. 外语与外语教学，2015 (4)：50-56.

[331] 姚霖霜. 法律文书情绪语言的认知研究 [D]. 武汉：华中师范大学，2012.

[332] 英国培生教育出版集团编. 朗文高阶英汉双解词典 [Z]. 何维银，等译. 北京：外语教学与研究出版社，2006.

[333] 俞东明. 话语角色类型及其在言语交际中的转换 [J]. 外国语，1996 (1)：19-22.

[334] 于国栋. 医患交际中回述的会话分析研究 [J]. 外语教学，2009 (3)：13-19.

[335] 于国栋，吴亚欣. 基于汉语语料中言语行为的会话分析研究论纲 [J]. 山西大学学报 (哲学社会科学版)，2016，39 (4)：45-48.

[336] 袁周敏. 社会心理学与语用学视角下的身份研究 [J]. 外语学刊，2011 (4)：77-81.

[337] 袁周敏. 自称语的语用身份建构：作为语用行为的顺应 [J]. 外语教学，2012，33 (5)：32-35.

[338] 袁周敏. 身份建构的应用研究述评 [J]. 山东外语教学，2013a (2)：38-43.

[339] 袁周敏. 商务会话中咨询顾问身份建构的动态性研究 [J]. 语言教学与研究，2013b (6)：89-96.

[340] 袁周敏. 语用身份建构的动态顺应性分析 [J]. 外语教学，2014，35 (5)：30-33.

[341] 袁周敏. 基于商业咨询顾问话语实践的身份建构研究 [M]. 广州：暨南大学出版社，2015.

[342] 袁周敏. 身份的界定：问题与建议 [J]. 外语教学，2016，37 (4)：20-23.

[343] 袁周敏，陈新仁. 语言顺应论视角下的语用身份建构研究——以医疗咨询会话为例 [J]. 外语教学与研究，2013c，45 (4)：518-530.

[344] 袁周敏，方宗祥. 言语交际中的身份建构及其理据研究 [J]. 南京邮电大学学报 (社会科学版)，2008，10 (3)：56-59.

[345] 曾范敬. 警察讯问话语批评分析 [D]. 北京：中国政法大学，2011.

[346] 张培，张昕昕，韩子钰. 应用语言学质化研究方法类型：2000-2010 [J]. 外语与外语教学，2013 (1)：66-69，95.

[347] 张清. 法官庭审话语的实证研究 [M]. 北京：中国人民大学出版社，2013.

[348] 张希玲. 汉语拟亲属称谓语的应用及其文化意识透视 [J]. 学术交流，2007 (2)：141-143.

[349] 赵洪芳. 法庭话语、权力与策略研究 [D]. 北京：中国政法大学，2009.

后　记

本书历经数载，几易其稿，编写得到了我恩师廖美珍教授的悉心指导，以及我身边众多专家老师和同窗好友的热心帮助。

恩师廖美珍先生是我学术道路的引路人。在恩师的不断激励和悉心引导下，我对语用学和话语分析产生研究兴趣并开始学术探索，进而荣幸成为先生的博士研究生。我的每一步成长和发展都凝聚着恩师的心血。恩师学识渊博、敢于创新、勤勉严谨、兢兢业业，对我学术研究的要求也十分严格。本书的如期诞生更离不开恩师无微不至的关心和毫无保留的指点。得知我出版本书的计划后，在选题、设计和修订的过程中，恩师精心指导、反复审阅、及时点拨。在日常生活中，恩师亲切随和、平易近人、心地坦诚。每当我工作上焦虑不安、犹豫彷徨时，恩师总是教导我坚定执着、从容不迫、脚踏实地。可以说，从恩师那里悟到的为人、处事、治学的道理我受用一生。

感谢武汉大学外国语学院马萧教授、华中科技大学外国语学院杨文秀教授、武汉理工大学外国语学院陈伟教授、中国地质大学（武汉）外国语学院张红燕教授以及华中师范大学外国语学院张维友教授、王勇教授、刘东虹教授、秦晓晴教授和周统权教授等。这些专家学者们在我学术研究的不同阶段，通过面谈、邮件和微信等方式提出了许多指导意见。我一直留存着这些专业建议，它们已经成为我学术生涯中一笔宝贵的财富。

感谢我的同窗好友何举纯、黄萍、吕万英、夏丹、姚霖霜、曾敏、郝苗、谢群、罗桂花、陈伟、吴红军、李元胜、周静、柯贤兵、杨锐、孙炳文、贺小聃、向波阳、杨红、吴晶晶、张睿、孙亚迪、范琼、邓之宇、何静秋、赵小红、吴燕、钱海荣、高苏、肖洒、徐萍、黄曼、张甜、侯香浪、林东梅等。怀念与他们一起学术讨论、思想碰撞、经验交流的美好时光！正因为拥有这群志同道合的朋友，我的学术生活才更加丰富多彩。

感谢国家留学基金委员会和华中师范大学给我提供赴美访学一年的机会。在此期间，我可以了解国外身份和学术话语的研究现状，掌握最新的研究动态，收集第一手研究资料，树立开展研究的自信。李艳教授等学者和朋友在异国他乡也给予了我宽松的学习氛围和良好的生活环境，使我坚定克服困难的决心，既收获了师生情谊，也拥有了朋友之谊。这段留美经历成为我人生中一段充实而美好的回忆。

感谢华中师范大学外国语学院的各位领导和同仁。我的每一次成长都离不开他们的倾力支持和慷慨相助。他们的主动关怀和理解包容才使我可以全身心投入学习和工作，他们的善意提醒和真诚相待才使我可以更积极地看待人生和生活，他们的友好融洽和同心协力才使我可以更宽容地面对身边人和事。同时感谢许多受邀来院讲学的海内外专家学者，他们带来的学术盛宴增加了我的学术感悟，拓宽了我的学术视野。

感谢华中师范大学出版社对本书出版工作的大力支持，感谢出版社的各位领导和本书的编辑团队。他们认真负责的工作态度和深入细致的工作方法，才有了本书的如期出版。感谢各位编审和编校人员的精益求精，才有了本书的日益完善。

最后，我的长辈们为我分担照顾家庭的重任，我的伴侣对我工作和科研的理解及支持，我的小孩健康的成长，这些都是本书得以出版的“后勤”保障。同时，他们让我在学术钻研之余感受到生活的快乐，获得心灵的放松，使我即使面对来自工作、学习和生活的压力，也依然在前进道路上动力十足。

由于本人学术水平有限，书中仍存在不少疏漏甚至谬误，恳请各位专家同仁和读者朋友批评指正。我将继续怀着一颗感恩之心，为遇见更好的自己而加倍努力。

彭雪

2021年5月1日

于美丽的桂子山